티 전문 유튜브 크리에이터,
'홍차 언니'의 카페 티 메뉴 레시피

티 베리에이션

Tea Variation

티 전문 유튜브 크리에이터,
'홍차 언니'의 카페 티 메뉴 레시피

티 베리에이션

Tea Variation

홍차 언니 (이주현) 지음 | 정승호 감수

한국티소믈리에연구원

저자의 글

안녕하세요, 유튜브 티(Tea) 전문 크리에이터 '홍차 언니'로 활동하고 있는 이주현입니다. 저는 서울 성수동에 위치한 티 전문 교육 기관인 한국티소믈리에연구원(Korea Tea Sommelier Institute)에서 티소믈리에와 티블렌딩 전문가의 자격 교육 과정을 강의하면서 티를 보다 많은 사람들에게 알리려고 노력하고 있습니다.

그런데 제가 직접 강의하면서 늘 아쉬움으로 다가왔던 점은 티를 처음 배우시는 분들 중에서 티를 너무 어렵게만 생각하시는 분들이 의외로 많다는 사실이었습니다. 그래서 티를 보다 쉽고 재미있게 알려 줄 방법은 없을까 늘 고민하다가 티에 대한 콘텐츠로 유튜브에서 크리에이터로까지 활동하게 되었습니다.

티 전문 크리에이터로 활동한 지도 어느덧 3년이 조금 넘는 시점에서 지금은 티를 응용한 음료에는 과연 무엇이 있을까 궁금해 하시는 분들도 많아져 무척 반가운 마음이 앞서기도 합니다. 또한 최근에는 실제로 음료 분야의 대기업체에 종사하시는 분들을 대상으로 다양한 티 음료의 컨설팅을 도와 드리면서 마침 제가 가지고 있는 팁들을 정리할 수 있었습니다.

이러한 자료를 바탕으로 티 베리에이션 음료를 만들 때 중요한 포인트를 잡아 드리면 많은 분들이 티를 일상에서 쉽고 간편하게 즐기는 데 미약하지만 도움이 되지 않을까 하는 마음으로 이 책을 기획하기 시작하였습니다.

최근에는 홍차, 백차, 우롱차 등 다양한 종류의 티들을 허브, 과일, 주스, 우유 등 각종 부재료와 함께 '티 베리에이션(Tea Variation)' 음료로 많이 즐기고 있습니다. 사람들이 비록 커피만큼은 아니지만, 맛과 시각적인 아름다움, 그리고 건강을 추구하기 위해 많이 찾는 모습들을 볼 수 있게 되었습니다.

세계적인 티 온라인 매체인 <월드 티 뉴스(World Tea News)>에서는 "커피를 즐기던 사람도 티로써 건강을 추구하기 위해 온라인으로 고품질의 티를 쇼핑해 일반 가정에서도 친환경 포장재에 담긴 프리미엄 티를 즐기는 등의 소비문화가 올해의 주요 트렌드"라는 소식을 전할 만큼 세계 티 시장에서는 해마다 크나큰 변화가 일어나고 있습니다.

특히 올해에는 커피나 티 시장에서 공통적으로 카페인에 알레르기 반응을 보이거나 그 자극성을 기피하는 사람들이 무카페인(Caffeine-Free)이나 디카페인(Decaffeinated) 음료를 찾는 경우도 늘고 있습니다.

실제로 미국의 세계적인 시장 분석 기관인 <포춘 비즈니스 인사이트(Fortune Business Insights)>에서는 지난 2021년 아시아와 북미의 음료 시장을 중심으로 '하이 티(High Tea)'에 열광하는 소비자들이 늘고 있어 2022년부터 2029년까지 디카페인 시장이 크게 성장할 것으로 내다보기도 했습니다.

따라서 티뿐만 아니라 무카페인 허브, 과일, 우유 등을 활용하는 티 베리에이션 음료에 대한 웰니스를 추구하는 젊은 층의 관심이 높아지면서 그 소비도 크게 늘고 있습니다.

아울러 티 음료는 '쓰다'는 이미지를 탈피할 수 있는 과일이나 주스, 우유, 콤부차, 커피, 알코올 등과 함께 블렌딩하거나 트렌드에 맞춰 자신의 취향에 맞게 즐길 수 있어 티 베리에이션 음료는 그야말로 가능성이 무궁무진할 뿐만 아니라, 자신이 직접 만들어 SNS 등으로 서로에게 보여 줄 수 있는 음료로 큰 인기를 끌고 있습니다.

이러한 추세로 볼 때, 티 베리에이션 음료는 앞으로 커피 시장을 넘어 더욱더 활성화되어 음료 시장에서도 큰 규모로 성장할 것으로 보입니다.

마침 한국티소믈리에연구원에서는 유튜브 티 전문 채널 '홍차 언니'를 통해 소개되었거나 새롭게 창조한 음료들을 추가하여 『티 베리에이션』을 출간합니다. '홍차 언니'에서 짧게 소개되어 아쉬움이 많았던 티 베리에이션 음료에 대하여 이번에 체계적으로 정리해 책으로 선보이게 되었습니다.

이 책에서는 티 베리에이션의 주재료인 6대 분류 티에 대한 기본 지식에서부터 각 종류별 티를 베이스로 하여 허브, 과일, 우유, 과일 농축액, 가니쉬 등 다양한 부재료를 블렌딩하여 창조한 무카페인 허브티, 아이스티, 셔벗, 밀크 티, 티 칵테일, 목테일 등 112종에 달하는 티 베리에이션 음료의 실전 레시피들을 누구나 따라할 수 있게 소개합니다.

세상에 첫선을 보이는 『티 베리에이션』이 티를 어렵게 느끼시는 분들에게 조금이나마 이해를 돕고, 또한 티를 쉽고 재밌게 즐기려는 분들이나 카페에 종사하시는 분들께 조금이라도 도움이 되길 바라며, 독자 여러분들의 티에 대한 지속적인 사랑도 거듭 당부를 부탁드립니다.

이주현

유튜브 티 전문 크리에이터
한국티소믈리에연구원 대외협력실장
코리아티챔피언십 심사위원장

Contents

PART 8 무카페인 허브 음료의 이해

PART 16 겨울 시그니처 음료의 이해

PART 1
베이스 티의 이해

세계인들이 즐기는 '티 베리에이션' 음료

오늘날 전 세계인들은 티(Tea)를 물 다음으로 많이 마시고 있다. 그러한 티에는 크게 녹차, 백차, 황차, 청차(우롱차), 홍차, 흑차(보이차)가 있는데, 사람들은 그러한 티를 순수하게 우려내 먹기도 하지만, 티(주로 홍차, 녹차, 우롱차)에 열대성 과일이나 시럽, 술, 허브 등을 가미하여 다양한 맛과 향, 그리고 색채감을 새롭게 창조하여 다채롭게 마시고 있다.

특히 여름철에는 미국, 캐나다 등 북미에서는 아이스티로, 대만 등 중화권에서는 버블티로, 중동, 아프리카 북부에서는 무알콜성 민트 계열의 목테일로, 영국(UK)에서는 알코올성 티 칵테일 등으로 주로 많이 마신다.

간략히 설명하면, 이렇게 티를 베이스로 하고 다양한 부재료를 넣어 새로운 색(色), 향(香), 미(味)를 창조하는 작업을 '티 베리에이션(Tea Variation)'이라고 한다. 이 '티 베리에이션 음료'는 전통적으로 호스피탈러티(Hospitality) 분야인 호텔(Hotel), 레스토랑(Restaurant), 카페(Cafe)나 바(Bar)에서 바텐더(Bartender)나 믹솔로지스트(Mixologist)들이 베리에이션을 통해 창조적으로 선보여 왔지만, 또 한편으로는 오늘날 병, 캔 등에 담겨 RTD(Ready To Drink) 음료로 전 세계인들의 생활 속에서 자리를 잡고 있다.

정성스레 티를 우리는 모습은 옛 풍습 …
이젠 걸으면서 마시는 MZ 세대

티(Tea)는 약 기원전 2737년경 중국에서 우연히 발견되어 약 5000년 가까이 지난 오늘날 동서양과 남녀노소를 불문하고 전 세계인의 음료가 되었지만, 각 지역마다 시대에 따라 그 음용 방식이 변화해 왔다.

전통적으로는 한국에서는 '다례(茶禮)', 중국에서는 '공부차(功夫茶)', 일본에서는 '차노유(茶の湯)', 영국 등 유럽에서는 '애프터눈 티(Afternoon Tea)'와 같이 각 나라마다 고유한 정신문화와 융합하여 엄격한 절차와 격식에 따라 마셔 온 것이다.

그러나 오늘날의 티는 동서양을 불문하고 MZ 세대와 같이 젊은 층을 중심으로 '스타벅스(Starbucks)'와 같은 전문 커피숍에서 마시거나, 또는 편의점, 자판기에서 RTD 음료로 간편하게 구입하여 커피처럼 테이크아웃하여 걸어 다니면서 마시는 방식으로 소비되고 있다. 이는 21세기인 지금 전 세계에서 공통적으로 보이는 현상이다.

MZ 세대들이 티에 과일을 가미해 티 베리에이션 음료를 즐기는 모습.

티(Tea)로 만드는 음료,
'티 베리에이션'의 이해

티 음료를 새로운 맛과 향으로 탄생시키는 티 베리에이션 기술은 전문적인 바텐더 (Bartender)나 믹솔로지스트(Mixologist)만 할 수 있는 것은 아니다. 일반인들도 기본적으로는 원리만 알면 누구나 자신의 취향에 맞게 만들 수 있다. 이 책에서는 티 베리에이션의 이해를 위한 기본 구성과 티 음료를 더욱더 돋보이게 만들 수 있는 응용 기술을 소개한다.

티 베리에이션의 주요 기본 구성

티 베리에이션은 기본적으로 '주재료(Main Ingredients)'인 '베이스 티(Base Tea)'와 베이스 티를 돋보이게 하는 '부재료(Minor Ingredients)', 그리고 음료에 시각적인 아름다움을 더해 주는 '토핑(Topping)'으로 구성되어 있다. 물론 유리잔이나 찻잔의 모양도 한몫한다.

- **주재료(베이스 티)** : 녹차, 백차, 청차(우롱차), 홍차 , 보이차(흑차) 등의 티(찻잎 또는 티백)나 각종 허브티.
- **부재료** : 과일, 시럽, 우유, 과일 농축액 등.
- **토핑** : 일종의 고명으로 시각적인 아름다움을 더해 주는 다양한 재료들.
   예) 유리잔의 프로스팅(Frosting)을 위한 설탕, 각종 과일의 필(Peel) 등.
- **유리잔** : 음료에 어울리면서 안이 잘 들여다보이는 투명한 잔.

티 베리에이션의 이러한 기본 구성에서 가장 중요한 것은 역시 주재료인 베이스 티이다. 따라서 녹차, 백차, 황차, 청차(우롱차), 홍차, 보이차 중에서, 또는 수천 종류의 허브 중에서 무엇을 베이스 티로 할지 가장 먼저 결정해야 한다. 그 다음에 베이스 티의 맛과 향을 더욱더 돋보이게 하는 데 도움이 되는 부재료인 과일청, 시럽, 우유, 과일 농축액 등을 정하는 것이다. 마지막으로 시각적인 아름다움을 더해 줄 토핑이나 가니쉬, 유리잔 등을 결정해야 하는 것이다.

이때 가장 중요한 것은 맛, 향, 수색의 균형을 맞추는 일이다. 기본적으로 베이스 티 본연의 맛과 부재료의 조합을 이해한다면 응용할 수 있는 모든 재료들이 머릿속에 떠오르면서 창조의 무한한 기쁨을 누릴 수 있다.

여름철 인기가 높은 화려한 아이스티.
분홍색의 장미꽃과 샛노란 레몬의 색채 대비로 아주 화려한 모습이다.

주재료인 베이스 티의 가공 과정

티는 크게 '녹차(綠茶)', '백차(白茶)', '황차(黃茶)', '청차(靑茶)/우롱차(烏龍茶)', '홍차(紅茶)', '흑차(黑茶)/보이차(普洱茶)'의 6대 분류로 나뉜다. 그런데 이는 모두 가공 과정에서 티의 특성이 달라진 것으로서 그 재료는 모두 동일한 종의 차나무인 '카멜리아 시넨시스(Camellia sinensis)'의 잎이다. 이 책에서는 티 베리에이션에서도 가장 중요한 주재료인 '티(Tea)'의 가공 과정과 그로 인해 각기 다른 특성을 보이는 6대 분류의 티에 대하여 소개한다. 이는 티 베리에이션을 이해하는 데에도 큰 도움이 된다.

녹차 | 綠茶, Green Tea

6대 분류의 티를 우린 모습.

백차 황차 녹차 우롱차 홍차 보이차

녹차는 겨울의 동면기에 유효 성분을 가득 저장한 부드럽고 연한 새싹을 따서 산화 과정을 인위적으로 억제해 만든 일종의 '비산화차(非酸化茶)'이다. 따라서 떫은맛의 폴리페놀 성분이 가장 풍부하게 함유되어 있다.

초봄에 여린 새싹을 포함한 '일아일엽(一芽一葉)'이나 '일아이엽(一芽二葉)'으로 채엽한 뒤 곧바로 가공 공장으로 보내 일정 시간 수분 함량을 줄여 시들게 하는 과정인 '위조(萎凋, Withering)'를 거친 뒤 뜨거운 팬에서 가열해 찻잎 내 '산화 효소(Oxidase)'를 파괴하여 산화 과정을 인위적으로 억제하는 '살청(殺靑, Heating)', 모양과 향미를 내는 '유념(揉捻, Rolling)' 작업을 거쳐 최종적으로 향미를 고정시키는 '건조(乾燥, Drying)' 작업을 통해 만들어진다. 이러한 녹차는 건강에 좋은 유효 성분이 풍부하여 오늘날에는 전 세계적으로 '슈퍼 푸드(Super Food)'로 각광을 받고 있다. 대표적인 녹차로는 '서호용정(西湖龍井)', '벽라춘(碧螺春)', '신양모첨(信陽毛尖)' 등이 있다. 전반적으로 녹차의 특징은 적당히 쌉싸름한 떫음으로 깔끔하고 산뜻하며 진하고 구수한 맛을 가지고 있다.

백차 | 白茶, White Tea

백차는 찻잎을 딴 뒤 건조대 늘어놓고 시들게 하는 '위조' 과정만 거치고 만든다. 6대 분류의 티 중에서도 사람의 손길이 가장 적게 든 것으로서 찻잎 본연의 자연적인 풍미를 최대한 맛볼 수 있다. 물론 해마다 자연적인 기후에 따라서 향미도 다르기 때문에 봄이 되면 그 신차(新茶)의 맛을 보려는 많은 사람들로 인해 가격도 매우 비싸다. 대표적인 백차로는 '백호은침(白毫銀針)', '백모단(白牧丹)'이 있다. 백차의 특징은 맑고 깨끗하며 농후한 맛으로 차를 마신 뒤 입안에 감도는 단맛을 가지고 있다.

황차 | 黃茶, Yellow Tea

황차는 오늘날 생산이 거의 중단되어 겨우 몇 종류만이 명맥을 잇고 있는 매우 희귀한 티이다. 채엽, 위조, 살청, 유념까지의 과정은 녹차와 같지만, 그 뒤 경미 발효 과정인 '민황(悶黃)'이라는 매우 독특한 과정을 거친다. 민황은 찻잎을 젖은 천으로 덮고 일정 시간 동안 놓아두어 약하게 발효시키는 과정이다.
황차가 노란색을 띠는 것도, 맛과 향에서 녹차와 차이를 보이는 것도 모두 이 민황으로 인한 것이다. 그 뒤 건조 과정을 통해 향미를 고정시켜 최종적으로 생산된다. 대표적인 황차로는 '군산은침(君山銀針)'이 있다. 황차는 희귀한 만큼 가격도 매우 비싸다. 황차의 특징은 신선하고 순수하며 청량한 단맛을 가지고 있다.

청차 | 靑茶, Blue Tea / 우롱차 | 烏龍茶, Oolong Tea

청차는 찻잎을 부분적으로 산화시킨 '부분 산화차'이다. 우롱차가 대표적이다. 기본적으로는 채엽, 위조에 이어 최종 목표로 삼은 우롱차에 맞게 부분적으로 산화시킨 뒤 살청을 통해 산화를 중단시키고, 유념, 건조 과정을 거쳐 최종 생산된다.
한편, 대만 우롱차는 가공 과정이 이보다 훨씬 더 복잡한데, 기본적인 과정에 찻잎에 상처를 내는 '요청(搖靑)' 과정이 산화 과정에 앞서 더해지고, 그러한 일부 과정이 최종 향미를 내기 위해 여러 차례 반복되기도 한다. 따라서 대만 우롱차의 가공 과정은 매우 복잡한 만큼, 그 향미도 매우 미묘하고 복합적이다. 더욱이 '로스팅(Roasting)' 과정까지 추가되는 경우도 있다.
우롱차는 산화도에 따라 맛과 향이 달라진다. 산화도가 70% 정도까지 높은 '블랙 우롱차(Black Oolong Tea)'는 '홍차(Black Tea)'의 향미에 가깝고, 산화도가 10~40%로 낮은

'그린 우롱차(Green Oolong Tea)'는 '녹차(Green Tea)'의 향미에 가까운 것이다. 따라서 우롱차는 녹차와 홍차의 중간적인 특성을 보이는 티라고 할 수 있다.

이러한 우롱차는 향미가 훌륭하여 오늘날 젊은 계층으로부터 인기가 높아 수요도 점차 증가하고 있다. 대표적인 우롱차로는 중국의 '안계철관음(安溪鐵觀音)', '봉황단총(鳳凰單欉)' 등이 있고, 대만에서는 '동정우롱(凍頂烏龍)', '사계춘(四季春)', '포종(包種)' 등이 있다. 특히 대만의 고산 지대에서 수확한 찻잎으로 만든 우롱차들은 꽃 향, 과일 향, 우유 향 등 그 향미가 훌륭하여 세계 티 시장에서는 최고의 우롱차로 평가되고 있다. 청차(우롱차)의 특징은 두 가지로 나눌 수 있는데, 청향계 우롱차는 화려한 꽃향과 과일향의 화과향과 신선한 꿀의 단맛이 특징이고, 농향계 우롱차는 진한 난꽃향과 밀향의 농후한 단맛을 가지고 있다.

홍차 | 紅茶, Black Tea

홍차는 6대 분류의 티 중에서도 산화도가 가장 높은 티이다. 산화도가 100%인 '완전 산화차(完全酸化茶)'로서 그 맛과 향이 매우 진하다. 찻잎을 딴 뒤 위조, 유념 과정을 거친다. 그리고 산화 과정을 충분히(100%) 거친 뒤 건조 과정을 통해 최종 생산된다. 완전 산화차인 만큼 홍차에서는 산화 과정이 가장 중요한데, 그 산화를 중단시켜야 할 시기는 숙련된 장인들의 경험에 의해 결정된다.

홍차는 산지가 인도, 스리랑카, 중국, 케냐, 이란 등의 세계 각지로 매우 다양하고, 생산 방식에 따라서 오서독스(Orthodox) 방식으로는 '홀 리프(Whole Leaf)' 등급, CTC 방식으로는 '브로큰(Broken)', '패닝(Fanning)' 등급 등 다양하게 나뉜다. 이때 홀 리프 등급은 주로 고급 잎차로, 브로큰, 패닝 등급은 주로 티백으로 사용된다. 특히 인도에서는 수확 시즌에 따라서도 이른 초봄의 '퍼스트 플러시(First Flush)', 늦봄에서 초여름의 '세컨드 플러시(Second Flush)', 가을철의 '오텀널(Autumnal)' 등으로 품질을 구분하기도 한다.

이러한 홍차는 영국(UK) 등 유럽에서는 주로 밀크 티, 인도에서는 차이(Chai), 미국에서는 아이스티(Iced Tea) 등 오늘날 동서양에서 매우 다양한 형태로 소비되고 있다. 물론 홍차는 순수하게 향미를 즐기는 '스페셜티 티(Specialty Tea)'의 시장뿐 아니라 '티 블렌딩(Tea Blending)', '티 베리에이션'의 시장도 규모가 매우 크다. 홍차의 특징은 청아하고 순순한 꽃향으로 적당한 떫음과 함께 구수한 감자나 호박고구마와 같은 달콤한 단맛을 가지고 있다.

보이차 | 普洱茶, Pu-erh Tea/흑차 | 黑茶, Dark Tea

흑차는 산화 효소에 의한 '산화차(酸化茶)'가 아니라 미생물에 의한 '후발효차(後醱酵茶)'로서 보이차가 대표적이다. 보이차는 중국 운남성(雲南省) 보이시(普洱市)가 원산지이다. '보이생차(普洱生茶)'와 '보이숙차(普洱熟茶)'로 나뉘며, 그중 보이생차는 녹차의 가공 과정으로 '모차(毛茶)'를 생산한 뒤 긴압(緊壓) 과정을 통해 다양한 모양으로 압축하여 저장고에서 일정 기온, 습도 등의 조건 아래에서 건조, 보관되면서 적어도 10년~30년 이상 자연 숙성 과정(후발효)을 거쳐 생산된다. 그 맛이 가볍고 미묘하면서 건강 효능도 높아 오늘날 건강 차로서 크게 인기를 얻고 있다. 물론 재테크의 수단이 될 만큼 부가가치도 높다.

반면 보이숙차는 모차를 인위적인 속성 발효 과정인 '악퇴(渥堆)'를 거친 뒤 긴압, 저장을 통하여 일정 기간 숙성을 통해 생산된다. 이때 숙성 기간은 보이생차보다 훨씬 짧다. 이러한 두 보이차는 오늘날 다이어트 티로 큰 인기를 얻어 그 수요가 매우 많은 상태이다. 흑차의 특징은 독특한 진향으로 무게감이 있는 진한 나무의 단맛을 가지고 있다.

6대 분류의 티를 우리는 방식

티 베리에이션의 주재료인 베이스 티는 우리는 방식에 따라 맛과 향이 달라진다. 그 향미에 따라 티 베리에이션의 성패도 결정된다. 티를 잘 우려내는 방식에는 세 가지의 중요한 요소가 있다. '찻잎의 양', '물의 온도', '우리는 시간'이다.

그런데 이러한 세 요소는 티의 종류마다 그 특성에 따라 약간씩 다르다. 예를 들면, 찻잎이 매우 어린 새싹인 녹차의 경우에는 80도 내외의 비교적 저온에서 우린다. 고온에서 우릴 경우 향미의 성분이 추출되기도 전에 익어 버리기 때문이다. 찻잎이 두껍고 뭉쳐 있는 우롱차나 보이차에서는 찻잎이 충분히 펼쳐진 상태에서 높은 온도에서 유효 성분이 우러나오기 때문에 95도 이상의 고온에서 길게 우린다. 그렇지 않으면 향미 성분이 우러나지 않아 티의 맛이 밋밋해진다.

그리고 완전 산화차인 홍차의 경우에는 찻잎의 향미를 내는 성분과 유효 성분이 약 95도 이상에서 우러나오기 때문에 매우 고온에서 우려내야 하는 것이다. 물론 허브티(또는 티잰)는 일반적으로 엽육(葉肉, Leaf Body)이나 재질이 두껍기 때문에 티보다 더 오랫동안 우려내야 한다. 이와 같이 찻잎 또는 허브의 엽육 두께에 따라 향미 성분이 추출되는 온도 등 각기 우려내는 조건이 다르지만, 다행히도 각 티마다 우려내는 보편적인 기준도 있다. 그러한 기준에 대해서는 오른쪽 페이지의 도표를 참조하길 바란다.

● 티를 우리는 과정

① 찻잎을 계량한다.
② 주전자에 물을 끓인다.
③ 티팟에 찻잎을 넣는다.
④ 티팟에 끓인 물을 넣는다.
⑤ 티의 종류에 맞게 적당 시간 우린다.
⑥ 우린 찻잎을 찻물과 분리시킨다.
⑦ 찻잔에 부어 완성!
⑧ 맛있게 음미한다.

● 티의 분류별 우리는 조건

티의 분류	찻잎의 양	물의 온도	우리는 시간
녹차	2~3g	60~80도	1~3분
백차	2~3g	80~95도	2~3분
청차(우롱차)	3~5g	80~95도	2~3분
홍차	2~3g	95~100도	2~3분
보이차(흑차)	2~3g	95~100도	1~2분
티잰(허브티 등)	2~3g	95~100도	3~5분

* 위 도표는 1잔을 기준으로 제시하는 일반적인 기본 가이드이다. 티의 브랜드마다 약간씩 우리는 방식이 다를 수도 있다. 그때는 포장재에 표시된 내용에 따라 우리면 된다.

차를 맛있게 마시는 세 가지 방법

1. 찻잎의 양
2. 찻잎을 우리는 물의 온도
3. 찻잎을 우리는 시간

베이스 티의 '냉침법'

티를 우리는 일반적인 방식은 찻잎을 뜨거운 물에 우려내는 '온침법(溫浸法)'이다. 그런데 경우에 따라서는 차가운 물로 우려내 마시는 '냉침법(冷浸法)'도 활용한다.

티를 차게 서서히 우리는 냉침법으로는 일반적으로 뜨겁게 우리는 온침법보다 티의 쓴맛과 떫은맛이 적고, 향미도 더욱더 잘 느낄 수 있다. 또한 급랭보다 서서히 냉침한 티는 농도가 더 진하여 응용하기에 훨씬 더 쉽다. 따라서 이 책의 티 베리에이션 레시피에서는 냉침법을 추천한다. 아래에서는 '잎차(loose leaf)'와 '티백(tea bag)'의 냉침법에 대하여 간략히 소개한다.

● 잎차의 냉침법

① 유리 용기를 준비한다.

② 유리 용기에 찻잎을 넣고 찻잎량에 맞춰서 정수를 넣는다.

③ 냉장고에 넣어 10~15시간 정도 보관하면 냉침 차 완성!

※ 찻잎이 브로큰(Broken) 등급이면 다시백에 넣어 냉침하면 좋다.

● 티백의 냉침법

① 유리 용기에 물을 준비한다.
② 티백을 물이 든 용기(①)에 그대로 넣는다.
③ 냉장고에 넣어 10~15시간 정도 보관하면 냉침 차 완성
   (각 재료의 용량은 기호에 맞게 조절)!

PART 2
베이스 티를
돋보이게 하는
부재료의 이해

부재료의 종류와 기능에 대하여

티 베리에이션에서 주재료인 티를 정하고 나면 베이스 티를 더욱더 돋보이게 하는 부재료를 선정해야 한다. 이때 부재료는 베이스 티의 특성을 저해하지 않고 그 향미를 더욱더 살리면서 새로운 맛과 향을 북돋워 주는 것이 좋다. 일반적으로 많이 사용되는 것으로는 과일(또는 주스), 시럽, 우유(또는 유제품), 과일 농축액, 콤부차, 커피, 알코올 등이 있다.

오늘날 세계인들은 이러한 부재료를 사용해 매우 다양한 티 베리에이션 음료들을 창조하여 즐기고 있다. 예를 들면, 북미에서는 티에 과일주스를 더한 아이스티, 스코비(Scoby)를 첨가해 발효시키는 '콤부차(Kombucha)', 신선한 과육을 더한 '과일 티(Fruit Tea)', 유럽에서는 우유(또는 유제품)를 첨가한 '밀크 티(Milk Tea)', 대만에서는 카사바(Cassava) 녹말 덩어리인 '타피오카 펄(Tapioca Pearl)'을 밀크 티에 더한 '버블 티(Bubble Tea)', 다양한 주류의 알코올을 더한 '티 칵테일(Tea Cocktail)', 무알코올인 '목테일(Mocktail)' 등이다. 이러한 음료들은 오늘날 세계 각국의 생활 속에서 다양하게 창조되어 소비되고 있는데, 앞으로는 커피 시장을 넘어 전체 식음료 시장에서도 큰 비중을 차지할 것으로 보인다.

그밖에도 수많은 허브들이 부재료로써 티 베리에이션의 맛과 향, 그리고 시각적인 아름다움을 더해 주기 위해 사용되고 있다. 영화에서 조연이 있기에 주연이 더욱더 빛나듯이, 티 베리에이션에서도 부재료가 있기에 주재료인 베이스 티의 향미가 더욱더 돋보이는 것이다.

자주 사용되는 부재료

다음은 티 베리에이션에서 자주 사용되는 부재료에 대한 간략한 설명이다.

- **과일 및 주스(음료수)** : 베이스 티에 제철이 아닌 과일을 활용하는 경우에는 시럽, 과일청, 과일주스로 만들어 사용할 수 있다.

- **우유 및 유제품** : 베이스 티에 우유(또는 유제품)를 더하여 새로운 맛을 낼 수 있다.

- **콤부차(스코비)** : 청량감을 원하는 음료에 더없이 잘 어울린다. 몸에 좋은 유익한 박테리아를 유입시켜 웰니스 티를 만들어 즐길 수 있다.

- **커피** : 익숙한 커피향을 티와 함께 음료로 즐길 수 있다.

- **알코올** : 티 음료에 다양한 향미의 알코올(술)을 넣어 '티 칵테일(Tea Cocktail)'로 만들어 즐길 수 있다. 이에 반해 알코올이 들어가지 않는 것은 '목테일(Mocktail)'이라고 한다.

PART 3

티 음료의 '단맛'과 '균형'을 조절하는 '티 시럽', '과일청', '과일 농축액'의 이해

티 시럽이란?

시럽(Syrup)은 일반적으로 고체 설탕에 과일, 허브, 향신료, 커피 등 각종 향료를 첨가하여 졸인 일종의 '액상 설탕'이다. 일상생활에서는 흔히 '과일 시럽(Fruit Syrup)'을 다양한 목적으로 많이 사용하고 있다. 대표적인 것으로는 '석류 시럽(Grenadin syrup)'과 '단풍 시럽(Maple Syrup)' 등이 있고, 커피 에센스를 농축한 '커피 시럽(Coffee Syrup)', '티 시럽(Tea Syrup)'도 있다.

티 시럽은 티(또는 허브티)를 고농도로 우리고, 거기에 설탕을 넣어 끓여서 진하게 졸인 것이다. 그러한 시럽으로는 '얼 그레이 시럽(Earl Grey Syrup)', '말차 시럽(Malcha Syrup)', '차이 시럽(Chai Syrup)', '루이보스 시럽(Rooibos Syrup)', '히비스커스 시럽(Hibiscus Syrup)', '재스민 시럽(Jasmine Syrup)' 등이 있다. 이러한 시럽들은 티 베리에이션 음료의 단맛과 전체적인 균형을 잡아 주는 역할을 한다.

● 루이보스 시럽(Rooibos Syrup)

루이보스(Rooibos, *Aspalathus linearis*)는 남아프리카공화국 세다버그 산맥(Cederberg Mts.)의 일대에서 자생하는 콩과 식물의 일종이다. 오늘날 '카페인 프리(Caffeine Free)' 음료로서, 대용차로서, 또는 건강차로 인기가 높은 허브티이다.

참고로 루이보스는 현지 원주민어로 '붉은 관목(Red Bush)'이라는 뜻이다.

루이보스 티는 그 관목의 잎을 붉게 산화시킨 '레드 루이보스(Red Rooibos)'와 잎의 산화를 억제한 '그린 루이보스(Green Rooibos)'가 있다. 그중에서도 레드 루이보스가 카페인 프리 음료로서 '레드 티(Red Tea)'로 불리면서 스트레이트로 많이 음용되고 있다. 따라서 보통 루이보스라고 하면 '레드 루이보스'를 가리킨다.

한편, 루이보스는 18세기경부터는 '불로장생의 음료'로 여기며 남아프리카 케이프 지역의 원주민들이 일상적으로 음용해 왔는데, 당시 이곳을 지배하였던 네덜란드인들은 대용차로도 많이 즐겼다고 한다. 특히 항산화 효능이 높아 노화 억제에, 그리고 알레르기 반응 완화에 도움이 되는 것으로 알려져 있다.

이러한 효능의 레드 루이보스 잎을 물에 우린 뒤 설탕을 넣고 졸인 것이 루이보스 시럽인데, 적당히 물에 희석하여 허브티 음료로 많이 마신다.

● 히비스커스 시럽 (Hibiscus Syrup)

붉은색 꽃잎, 특유의 신맛으로 아이스티나 티 베리에 이션에 많이 사용하는 허브인 히비스커스(Hibiscus, *Hibiscus sabdariffa*)는 동인도가 원산지이다.

강렬한 진홍빛을 내는 '안토시아닌(Anthocyanin)' 색소는 안구의 피로를 풀어 주는 효능이 있고, 신맛의 히비스커스산(Hibiscus Acid)은 이뇨를 촉진하고 몸의 신진대사를 촉진하는 효능이 있다. 이 책에서는 육체 피로, 순환 불량, 숙취 해소에 대표적인 히비스커스를 시럽으로 만들어 뜨겁게 또는 차가운 음료로 손쉽게 즐길 수 있는 레시피를 소개한다.

● 홍차 시럽 (Black tea syrup)

홍차 찻잎을 진하게 우려내 설탕을 넣고 졸인 대표적인 티 시럽으로는 홍차 시럽이 있다. 싱글 홍차 찻잎으로 만들어도 좋지만, 얼 그레이 찻잎으로 만든다면 얼 그레이 시럽으로 적용 가능하다. 이 책에서는 홍차 시럽(또는 얼 그레이 시럽)을 만들어 밀크 티, 티 칵테일, 목테일 등 다양한 종류의 베리에이션 음료를 소개한다.

● 마살라 차이 시럽 (Masala Chai Syrup)

인도 아대륙에서 즐기는 대표적인 음료로는 '마살라 차이(Masala Chai)'가 있다. 남아시아에서 마살라(Masala)는 '혼합 향신료'를, 차이(Chai)는 '티(Tea)'를 뜻하는 말이다. 따라서 마살라 차이는 이름 그대로 티(주로 홍차)에 시나몬(Cinnamon), 진저(Ginger), 카르다몸(Cardamom), 바닐라(Vanilla) 등 다양한 향신료를 넣고 우린 것이다. 이때 베이스 티를 주로 홍차로 사용해 '블랙 차이(Black Chai)'라고도 한다. 이 마살라 차이를 진하게 우린 뒤 설탕을 넣고 졸여서 만든 것이 '마살라 차이 시럽'이다. 이 시럽은 보통 밀크 티, 티 칵테일 등 다양한 종류의 베리에이션 음료로 만들어 마시는 데 사용된다.

● 말차 시럽 (Malcha Syrup)

녹차 중에는 건강 효능으로 인해 오늘날 '슈퍼 푸드'로 각광을 받고 있는 티가 있다. 흔히 '가루 녹차'로 불리는 말차(抹茶)이다. 일본의 경우는 '맛차(Matcha)'라고 한다.
이 말차는 건강에 좋은 유효 성분으로 티로 우려낼 뿐 아니라 특유의 재배 방식으로 아미노산도 풍부하여 감칠맛이 강하여 빵, 케이크, 아이스크림, 음료 등 다양한 요리에서 식재료로도 사용되고 있다. 물론 밝은 연녹색으로 색채감도 매우 훌륭하여 가니쉬로도 활용된다.
이러한 말차를 진하게 우린 뒤 설탕을 넣고 졸여 시럽으로 만들어 밀크 티, 티 칵테일 등에 넣어서 매우 다양한 형태의 티 음료로 마신다.

● 재스민 시럽 (Jasmine Syrup)

중국의 재스민 녹차를 시럽으로 만들 수도 있다. 대표적인 것이 사천성(四川省)의 최고급 재스민 녹차인 '벽담표설(碧潭飄雪)'을 진하게 우린 뒤 설탕을 넣고 졸인 고급 '재스민 시럽'이다. 이 벽담표설은 녹차 찻잎에 하얀 재스민 꽃의 향을 강하게 배게 한 뒤 꽃을 빼내고 만든 가향차이다.

고상하고 우아한 재스민 꽃 향을 풍기는 벽담표설로 녹차 시럽을 만들어 놓으면 다양한 티 음료에 넣어 고급진 꽃향기를 더해 즐길 수 있다.

과일 청(清)이란?

'청(清, Cheong)'은 한국 전통 조리 용어로 옛날 궁정에서는 꿀을 가리키는 용어였다. 청은 보통 조리에서 꿀이나 설탕의 대체제로 사용되었는데, 가리키는 범위가 매우 넓다. 전통적으로는 액상 형태의 조청(물엿)이 있다. 그리고 과일의 향미를 품은 과일청인 매실청, 모과청, 유자청 등도 있다. 일반적으로 끈적거리는 점성도가 상당히 높아 서양의 '과일 잼(Fruit Preserves)'이나 '마멀레이드(Marmalade)'에 가깝다. 티 베리에이션에서는 열대 과일인 자몽청, 패션프루트청을 비롯해 레몬청, 청귤청, 딸기청 등을 많이 사용하고 있다. 참고로 과일청을 만들 때는 과일을 자른 뒤 설탕을 넣고 과육이 보여지는 상태로 졸인다. 이때 과일과 설탕의 비율은 1:1이다.

● 레몬청

레몬의 과육과 껍질을 통째로 사용해 레몬청을 만들어 청량하고 새콤달콤한 음료를
즐겨 보자.

Recipe

● 재료
· 레몬   · 자일로스 설탕   · 소금 약간

● 미리 준비하기
1) 과일청은 껍질까지 사용하기 때문에 베이킹소다, 식초 물, 소금을 사용하여 깨끗이 세척한다

● 만드는 과정
01 세척한 레몬을 0.5cm 두께로 저며 슬라이스를 만든다
02 쓴맛을 내는 꼭지와 씨는 제거한다
03 소독한 유리병에 레몬과 설탕을 켜켜이 쌓아 준다
   과일청을 만들 때 재료와 설탕의 비율은 1:1이 기본이다
04 한 자밤(꼬집)의 소금을 넣어 주면 단맛이 상승하면서 보존재 역할도 한다
   (과일 1개 정도를 착즙하여 부으면 과일의 풍미가 돋보인다)
05 설탕이 녹으면 레몬청 완성!
06 냉장 보관한 뒤 음료로 즐긴다

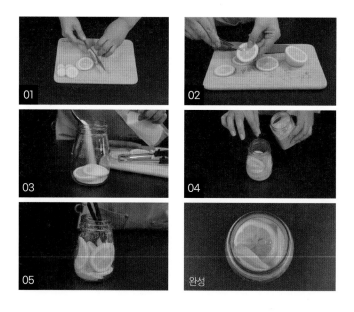

● 자몽청

상큼하고 달콤한 열대 과일인 자몽으로 청을 만들어 쉽고 간편하게 맛있는
음료를 만들어 보자!

🍹 Recipe

● 재료
·자몽   ·자일로스 설탕   ·소금 약간

● 미리 준비하기
1) 자몽은 베이킹소다, 식초 물, 소금을 사용해 깨끗이 세척한다
   (뜨거운 물에 10초 정도 데치면 잔류 농약을 제거하는 데 도움이 된다)
2) 보관 용기인 유리병은 열탕으로 소독하여 완전히 식힌 뒤 물기를 제거한다

● 만드는 과정
01 자몽의 속껍질과 씨는 쓴맛을 내기 때문에 제거한 뒤 과육만 사용하는 것을 추천한다
     (가니쉬용으로 사용할 자몽은 0.5cm 두께로 슬라이스로 만든다)
02 과일청을 만들 때는 재료와 설탕의 비율은 1:1이 기본이다
03 큰 그릇에 자몽 과육과 설탕을 넣은 뒤 고르게 섞어 준다
04 한 자밤(꼬집)의 소금을 넣으면 단맛도 상승하면서 보존재 역할도 한다
05 ③을 소독한 유리병에 부으면 자몽청 완성!
     (과일 1개 정도를 착즙하여 부으면 훌륭한 과일의 풍미를 즐길 수 있다)
06 냉장 보관한 뒤 음료로 즐긴다

패션프루트청

열대 과일로서 상큼하고 달콤한 맛이 풍부한 패션프루트의 과육으로 청을 만들 수 있는 쉽고 간단한 레시피를 소개한다.

 Recipe

● 재료
· 패션프루트   · 레몬 1개   · 자일로스 설탕   · 소금 약간

● 미리 준비하기
1) 패션프루트는 베이킹소다, 식초 물, 소금을 사용해 깨끗이 세척한다
   냉동일 경우 상온에서 1~2시간 해동하여 사용한다
2) 보관 용기인 유리병은 열탕으로 소독하여 완전히 식힌 뒤 물기를 제거한다

● 만드는 과정
01 패션프루트의 과육만 꺼내 큰 그릇에 놓는다
   (반으로 자르면 작은 스푼으로 손쉽게 꺼낼 수 있다)
02 과일청을 만들 때 재료와 설탕의 비율은 1:1이 기본이다
   (단맛은 조정할 수 있는데, 단맛이 부담스러우면 설탕의 양을 줄인다)
03 ②에 레몬 1개를 스퀴저로 착즙하여 넣어 준다
   (이때 레몬즙을 넣으면 상큼한 맛이 증가한다)
04 한 자밤(꼬집)의 소금을 넣으면 단맛도 상승하면서 보존재 역할도 한다
05 소독한 유리병에 과일을 넣으면 패션프루트청 완성!
06 냉장 보관한 뒤 음료로 즐긴다

딸기청

달콤한 향기와 빨간 색상감을 더해 주는 생딸기로 청을 만들어 다양한 음료에 응용할 수 있는 딸기청 레시피를 소개한다.

🍸Recipe

● **재료**

· 딸기   · 레몬 ½개   · 자일로스 설탕   · 소금 약간

● **미리 준비하기**

1) 딸기는 베이킹소다, 식초 물, 흐르는 물로써 세척한 뒤 키친 타올로 물기를 제거한다
    냉동일 경우 상온에서도 1~2시간 해동하여 사용한다
2) 보관 용기인 유리병은 열탕으로 소독하여 완전히 식힌 뒤 물기를 제거한다

● **만드는 과정**

01 딸기를 큰 그릇에 넣은 뒤 포크로 과육을 으깬다
    가니쉬용으로 몇 개의 슬라이스를 만들어 놓아도 좋다
02 과일청을 만들 때 재료와 설탕의 비율은 1:1이 기본이다
    단맛은 조정할 수 있는데, 단맛이 부담스러우면 설탕의 양을 줄인다
03 ①에 레몬 ½개를 스퀴저로 착즙하여 넣어 준다
04 한 자밤(꼬집)의 소금을 넣으면 단맛도 상승하면서 보존재 역할도 한다
05 소독한 유리병에 과육을 넣으면 딸기청 완성!
06 냉장 보관한 뒤 음료로 즐긴다

과일 농축액이란?

티 베리에이션에서는 시럽 외에도 단맛과 균형을 맞추는 또 하나의 재료인 '과일 농축액(Fruit Concentrate)'이 있다. 보통 걸쭉한 형태로서 수프와 비슷해 보인다. 특히 딸기, 복숭아, 사과, 자몽, 망고, 리치, 패션프루트 등의 농축액이 티 베리에이션에 자주 사용된다.

과일 농축액 만들기. 과일을 잘라서 넣고 졸여서 수프처럼 진한 농도로 만든 것이다.

● 딸기 농축액(Strawberry Concentrate)

딸기를 설탕과 함께 졸여서 걸쭉하고 진한 농도로 졸인 것이다.

● 자몽 농축액(Grapefruit Concentrate)

쓴맛을 내는 자몽 껍질을 제거한 뒤 설탕을 넣고 졸여서 자몽의 진한 맛을 느낄 수 있다.

● 복숭아 농축액(Peach Concentrate)

제철 복숭아를 설탕과 함께 졸여서 진한 농도로 걸쭉하게 만든 것이다.

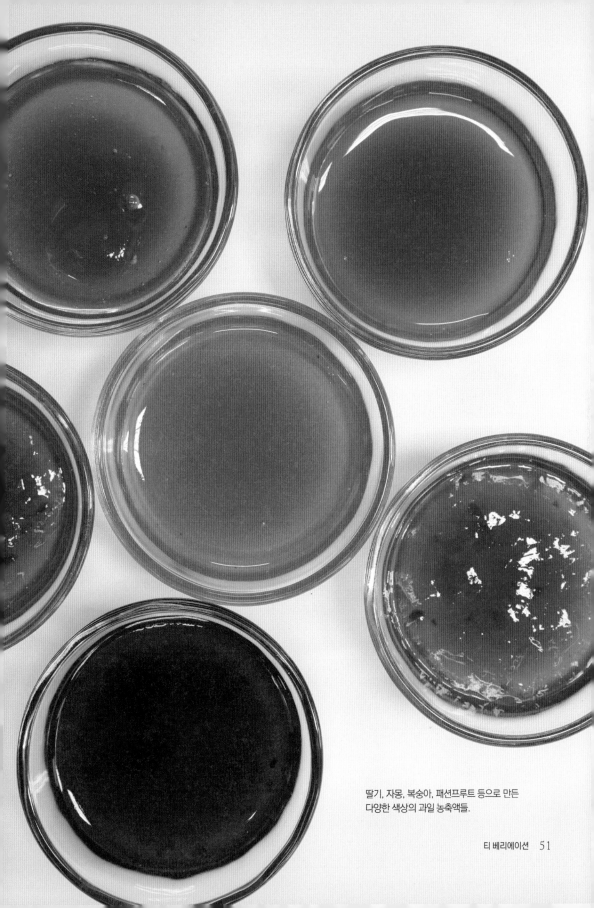

딸기, 자몽, 복숭아, 패션프루트 등으로 만든
다양한 색상의 과일 농축액들.

PART 4
티 베리에이션
음료의 완성도를
높이는 '가니쉬'와
'토핑'의 이해

가니쉬와 토핑의 기능

'가니쉬(Garnish)'는 음식을 최종적으로 테이블에 내기 전에 시각적으로 외형을 돋보이게 하거나, 메인 요리를 돋보이게 하기 위하여 음식 위나 접시의 가장자리에 곁들이는 것을 말한다. 이에 비해 '토핑(Topping)'은 말 그대로 음식 위에 얹는 일종의 고명격인 단맛의 식품으로서 소스, 케이크나 비스킷의 아이싱, 피자 필링 등이 있다.

주요 차이점은 가니쉬는 장식이 목적으로서 식용에 한정되지 않는다는 점이다. 반면 토핑은 장식의 기능뿐 아니라 식감을 더해서 맛을 더욱더 훌륭하게 하는 기능이 있다는 점이다. 이러한 가니쉬와 토핑을 잘 활용하면 티 베리에이션 음료를 더욱더 훌륭하게 즐길 수 있다.

● 티 베리에이션 음료의 완성도를 높이는 가니쉬와 토핑

① 치즈 폼   ② 흑당 타피오카 펄   ③ 홍차 젤리

④ 말차 젤리   ⑤ 휘핑크림   ⑥ 밀크 폼

치즈 폼(Cheese Foam)

크림 치즈에 생크림을 더한 가벼운 상태의 크림 천국!
짭쪼름하고 달콤한 치즈폼은 음료를 더욱더 돋보이게 만들어 준다.

Recipe

● 재료
· 크림 치즈 15g   · 생크림 150g
· 설탕 10~15g   · 소금 2~3자밤(꼬집)

● 만드는 과정
01 비커에 생크림 150g을 넣어 준다
02 ①에 설탕 10~15g + 크림 치즈 15g + 소금 2~3 자밤(꼬집)
    = 미니 자동 거품기로 돌려주면 치즈 폼 완성!

흑당 타피오카 펄(Black Sugar Tapioca Pearl)

남미가 원산지인 카사바 녹말로 만들어 반투명하면서 식감이 쫄깃쫄깃한 타피오카 펄
을 넣어 만든 밀크 티로서 '버블 티'라고 한다. 이 버블 티는 1980년대 대만에서 개발된 음
료인데, 흑당과 함께 절묘한 조화를 이룬다.

Recipe

● 재료
· 타피오카 펄 300g   · 물 70~80mL
· 흑설탕 500g

● 만드는 과정
01 타피오카 펄 300g을 15~20분간 삶는다. 다 삶으면 불을 끈 뒤 10분간 뜸을 들인다
02 삶은 타피오카 펄을 거름망에 거른 뒤 물기를 제거한다
03 냄비에 흑설탕 500g + 물 70~80mL를 넣은 후 = 끓여 준다
    이때 물을 부어 가며 농도를 조절한다
04 ③에 준비해 둔 ②를 넣고 끓인다
05 끈적한 농도가 되면 흑당 타피오카 펄 완성!

홍차 젤리 (Black Tea Jelly)

조청같이 강한 단맛의 홍차를 진하게 농축한 뒤 분말로 만든 티에쏘(Tea Esso)
(아만프리미엄티 제공)를 활용하여 홍차 젤리를 만들어 보자.

🍸 Recipe

● 재료
· 티에쏘 8g   · 젤라틴 파우더 20g   · 설탕 50g   · 정수 10~20mL

● 만드는 과정
01 젤라틴 파우더 20g을 정수 10~20mL를 넣은 뒤 불려 놓는다
02 비커에 티에쏘 8g + 95도의 물 300mL + 설탕 50g을 넣고 잘 섞어 준다
    (단맛은 설탕으로 조절 가능)
03 ①의 녹인 젤라틴과 ②의 티를 섞는다
04 ③을 잠시 식힌 뒤 준비된 사각형의 틀에 넣는다
05 냉장실에 2~3시간 동안 넣고 굳혀서 칼로 보기 좋게 잘라 주면 홍차 젤리 완성!

말차 젤리 (Malcha Jelly)

오늘날 건강 효능으로 인해 슈퍼 푸드로 각광을 받고 있는 말차(제주산)로 만든 젤리이다. 말차 젤리로 녹차의 진한 감칠맛을 경험해 보자!

🍸 Recipe

● 재료
· 말차(제주산) 15g   · 젤라틴 파우더 20g   · 설탕 65g   · 정수 10~20mL

● 만드는 과정
01 젤라틴 파우더 20g을 정수 10~20mL를 넣은 뒤 불려 놓는다
02 비커에 말차 15g + 80도의 물 300mL + 설탕 65g을 넣고 잘 섞어 준다
     (단맛은 설탕으로 조절 가능)
03 ①의 녹인 젤라틴과 ②의 티를 섞는다
04 ③을 잠시 식힌 뒤 준비된 틀에 넣는다
05 냉장실에 2~3시간 동안 넣고 굳혀서 칼로 보기 좋게 잘라 주면 말차 젤리 완성!

PART 5
티 베리에이션 음료 연출의 테크닉

티 베리에이션 음료를 연출하는 이유

티 베리에이션 음료를 만들 때 가장 중요한 것은 맛이다. 음료가 아무리 화려하고 아름답더라도 맛이 없다면 그 음료는 시장에서 인정을 받기 어렵기 때문이다.

다음으로는 향이다. 사람의 후각은 미각보다 1만 배나 예민해 수천 종류의 향기를 구별할 수 있다고 한다. 이러한 향은 사람의 오감 중에서도 직접 대뇌변연계에 작용하여 마음에 영향을 준다. 따라서 맛이 훌륭한 음료에 향긋한 향을 더해 준다면 단순히 음료를 마시는 일을 넘어 매일 행복하고도 즐거운 마음으로 건강하게 웰니스의 삶을 영위할 수 있을 것이다.

또 한편으로는 한국을 비롯해 전 세계적으로 디저트 문화가 카페 문화의 큰 아이콘이 되고 있다. 이로 인하여 음료뿐 아니라 그 음료에 맞는 디저트도 사람들의 큰 관심사로 부상하고 있다. 이로 볼 때 티 베리에이션에서 음료와 디저트를 훌륭하게 페어링할 수만 있다면 더욱더 큰 상승효과를 볼 수 있을 것이다.

오늘날 젊은 세대에게 큰 인기를 끌고 있는
티 베리에이션 음료.

Column

미각보다 1만 배나 뛰어난 후각의 민감도

사람의 오감인 시각, 미각, 후각, 촉각, 청각 중에서도 가장 예민한 감각은 후각이다. 후각 기관은 미각 기관보다는 약 1만 배나 더 예민하여 향이 맛보다 사람에게 미치는 영향이 훨씬 더 강하다. 이는 생존을 위한 오랜 진화의 과정을 통해 발달된 것이다(출처: 『말기암의 통증을 다스리는 아로마테라피』(하세가와 노리코/Hasegawa noriko). 또한 후각은 사람의 기억에도 매우 큰 영향을 주는 것으로 알려져 있다. 즉 향기를 통한 기억은 그 어떤 감각보다 100배 이상의 선명한 기억을 남긴다고 한다. 따라서 보고, 듣고, 만지면서 기억하는 것보다 향기를 맡으면서 기억하는 것이 100배 효과적이라고 한다(출처: 『Sense of Smell Institute』). 어쩌면 티를 마실 때 그 향과 관련된 기억이 쉽게 떠오르는 것도 그러한 이유 때문일지도 모른다.

음료를 담는 유리잔(칵테일 잔)의 이해

바에서 바텐더나 믹솔로지스트들이 베리에이션을 통해 칵테일, 티 칵테일, 목테일 등의 다양한 음료를 고객들에게 선보일 때 그 유리잔의 모습이 저마다 다름을 알 수 있다. 그 이유는 유리잔에 담기는 음료의 성격에 따라 달리 내기 때문이다. 그리고 유리잔에 따라서 향미도 한층 더 풍요롭게 느낄 수 있다.

● 칵테일 글라스 (Cocktail Glass)
마티니 잔으로 역삼각형의 발레리나 모양을 본떠 만든 것이다.

● 샴페인 글라스 (Champagne Glass)
플루트(flute) 형의 유럽식 샴페인 잔으로 탄산가스를 덜 빠지게 한다.

● 샴페인 글라스 (Champagne Glass)
소서(saucer) 형의 미국식 샴페인 잔으로 핑크레이디 등을 낼 때 사용된다.

● 하이볼 글라스 (Highball Glass)
텀블러 글라스로서 진토닉 등을 낼 때 사용된다.

● 올드 패션드 글라스 (Old Fassioned Glass)
'온더락'으로 즐기는 위스키 잔이다.

- 싱가폴 슬링 글라스 (Singapore Sling Glass)
피나 콜라다 같은 여름 분위기가
물씬 풍기는 트로피컬 칵테일 잔이다.

- 필스너 글라스 (Pilsner Glass)
짧은 스텝이 달린 체코의 '필슨'이라는
회사에서 만든 맥주 잔.

- 위스키 사워 글라스 (Whiskey Saur Glass)
향을 모아 주도록 디자인된 위스키 잔이다.

- 브랜디 글라스 (Brandy Glass)
꼬냑 브랜드를 담아 몸통 부위를 쥐고
휘돌려 가며 온도를 높여 맛과 향을
즐기는 잔이다.

- 셰리 글라스 (Sherry Glass)
셰리 와인을 마시는 잔이다. 플로팅,
층을 쌓는 칵테일에도 사용된다.

- 콜린스 글라스 (Collins Glass)
보통 300mL 이상의 잔으로서
'톨 하이볼(Tall Highball)'이라고도 한
다.

입구가 넓은 유리잔은 방향성 분자의 확산 속도와 범위가 넓어 향의 전달이 쉽고 빨라 매력적인 향의 음료일 때 주로 사용한다. 그리고 입구가 좁은 유리잔은 맛과 향을 밀도 있게 전달하여 깊은 맛을 내는 음료일 때 주로 사용한다. 이때 음료는 보통 얼음을 포함하여 유리잔 높이의 7~8부를 채운다.

음료에 따른 얼음의 연출

목테일, 칵테일, 아이스티 등의 다양한 티 베리에이션 음료에서는 얼음도 매우 다양한 형태로 사용된다. 이러한 얼음의 사용처는 유리잔에 담기는 음료나 나중에 음료의 위층에 연출할 내용에 따라서 달라진다. 특히 플로트(Float)(윗부분을 장식)하는 음료는 얼음을 먼저 유리잔에 넣고 연출해야 한다. 마지막에 윗부분에 띄워야 하는 부분을 염두에 둔 뒤 먼저 얼음을 넣고 그 위에 티 음료를 넣은 다음에 가니쉬로 유리잔을 장식한다. 티 베리에이션에 자주 사용되는 얼음의 종류에 대해 간략히 소개한다.

- ● Cubed Ice 큐브드 아이스
    # 칵테일 만들 때 가장 많이 사용되는 각얼음으로 일반적인 제빙기나 아이스큐브 트레이에 물을 넣어 얼린 얼음.
    # 정육면체 모양이나 육각형.

- ● Cracked Ice 크랙드 아이스
    # 큰 얼음을 아이스 픽(ice pick)으로 깨서 만든 각 얼음.
    # 아주 작은 아이스큐브 트레이를 사용해도 됨.

- ● Crushed Ice 크러시드 아이스
    # 으깬 얼음으로 프라페 스타일이나 슬러시, 스무디 음료에 사용하는 얼음.

- ● Block Ice 통얼음
    # 칵테일에서는 통얼음을 의미하며 파티 때 펀치 등에 넣어 사용함.
    # 이 책에서는 온더락 잔 등에 하나 넣어 연출할 때 사용함.

밀도 차를 이용한 층의 분리

티 베리에이션에서는 음료를 매우 화려하고도 다양한 모습으로 연출하는데, 여러 음료들이 들어가되 층을 분리시키는 연출도 있다. 대표적인 것이 유리잔에서 무지갯빛으로 층을 분리시킨 '오버 더 레인보우 칵테일(Over the Rainbow Cocktail)'이다. 이렇게 층을 분리할 수 있는 것은 점성도와 당분이 높은 액체일수록 아래로 가라앉는 밀도 차를 활용하였기 때문이다.

예를 들면, 두 층으로 분리된 티 베리에이션 음료를 만들고 싶으면 먼저 당분이 많은(무거운) 것부터 유리잔에 넣으면 된다. 반대로 두 음료가 잘 섞이길 원한다면 점성도가 낮고 당분이 적은(가벼운) 것부터 유리잔에 넣어야 한다. 또한 서로 점성도와 당분이 비슷한 음료일 경우에는 먼저 넣은 음료에 당분을 첨가해 무게를 높이거나 얼음을 넣어서 층을 분리할 수 있다.

한편 층을 분리하기 위하여 음료 잔의 가장자리나 얼음 위로 음료를 넣을 때는 바 스푼 뒷면에 조심스레 부으면 층을 흐트러뜨리지 않고 잘 분리할 수 있다.

무지갯빛으로 층을 분리시킨
오버 더 레인보우의 모습.

다양한 종류의 과일 슬라이스

과일 슬라이스는 겨냥하는 티 베리에이션 음료의 콘셉트에 맞게 생과일을 넣을지, 건과일을 넣을지 미리 결정해야 한다. 일반적으로 신선한 티 음료를 만들 경우에는 생과일의 슬라이스를 추천한다. 이때 생과일 슬라이스를 유리잔 측면에서 붙이면 맛과 시각적인 효과를 모두 노릴 수 있다.

반면 티 베리에이션 음료의 맛보다는 보기에도 아름다운 장식용의 가니쉬 역할이 필요할 때는 건과일을 권장한다. 이때 가니쉬에 사용하는 과일은 음료의 콘셉트에 맞게 창조적으로 디자인해야 한다. 그 디자인은 복잡하고 어려운 것보다는 단순하면서도 음료의 완성도를 높이는 방향으로 고민해야 한다.

레몬을 잘라 슬라이스로 만드는 모습.

과일의 건조 방법

과일을 건조할 때는 그 종류에 상관없이 항상 수분 함유량이 가장 최소화되도록 한다. 이렇게 과일을 건조하는 이유는 철마다 다른 과일을 건조해 놓으면 계절에 상관없이 사용할 수 있어 편리하기 때문이다. 예를 들면, 딸기는 12월 말~2월에 가장 달콤한 맛을 내는데, 이것을 건조해 놓으면 딸기의 가장 맛있는 풍미를 사계절 내내 맛볼 수 있는 것이다.

왼쪽은 건과일, 오른쪽은 생과일의 모습.

건조기에서 생과일을 건조시킨 모습.

소금, 설탕으로 연출하는 '프로스팅'

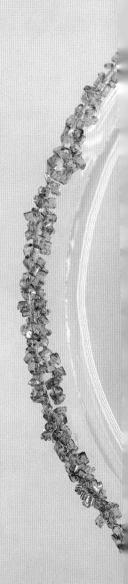

티 베리에이션의 음료를 담는 용기인 유리잔에 하얀 가루 형태인 소금이나 설탕으로 하얗게 반짝이도록 연출하는 기법을 '프로스팅(Frosting)'이라고 한다. 일반적으로 유리잔의 가장자리에 레몬즙을 두른 뒤 접시에 담긴 소금이나 설탕을 조심스레 묻혀 티 베리에이션에 시각적인 화려함을 더해 준다.

PART 6
콤부차Kombucha의
발효 이해

콤부차(Kombucha)의 기원

오늘날 새콤달콤한 맛과 독특한 향미로 건강 음료의 새로운 아이콘으로 떠오른 콤부차(Kombucha). 그 콤부차의 최초 기원은 중국의 진시황제가 불로초를 구하였다는 전설에서 시작된다. 또한 당시 발효 식문화가 발달한 동북아의 만주 지역에서는 민간에서 오래전부터 독성을 해독하고 원기를 북돋을 목적으로 마셔 왔다고 한다.

이러한 콤부차는 18세기~19세기에 티의 무역로가 본격적으로 확장되면서 러시아로 유입된 뒤 동유럽을 거쳐 20세기에는 전 세계로 확산되었다. 특히 제2차 세계대전 기간에는 독일에서 콤부차가 재조명되면서 발효 티를 마시는 관습이 전쟁과 함께 유럽 전역으로 확산되었고, 전후인 1950년대에는 프랑스와 프랑스령이었던 북아프리카 국가로도 유입되어 그 소비 시장이 아프리카 대륙으로도 확산되었다. 이와 동시에 지중해 지역의 이탈리아에서는 콤부차를 마시는 유행이 최전성기에 이르렀다.

1960년대에는 스위스 과학자들이 콤부차를 마시면 발효 식품인 요거트를 마시는 것과 같은 건강 효능이 있다는 연구 결과를 발표하면서 그 소비는 더욱더 확산되었다. 지금에는 다양한 향미의 콤부차가 전 세계의 식품 소매점에서 거래되고 있고, 콤부차 배양균체인 스코비도 온라인 쇼핑 웹사이트에서 판매되고 있다.

스코비가 배양되고 있는 콤부차 원액.

콤부차(Kombucha) 버섯, '스코비(Scoby)'

박테리아와 이스트균의 공생 배양균체로서 젤라틴 모양의 '스코비(Scoby, Symbiotic Culture of Bacteria and Yeast)'는 오늘날 콤부차를 가정에서도 손쉽게 만들기 위한 재료로써 별도로 생산되어 판매되고 있다. 일반 가정에서는 원하는 종류의 티를 강하게 우려낸 뒤 소매점에서 구입한 스코비와 설탕을 넣어 발효시키면 되는 것이다.

이 스코비는 홍차를 포함한 6대 차류의 찻물 성분과 설탕을 먹이로 발효 과정이 일어나는 과정에서 단맛은 줄어들고 발포성의 신맛을 내면서 티의 종류와 함께 콤부차의 향미에 큰 영향을 준다. 그리고 소량의 알코올(1% 미만)과 탄산가스가 생성되면서 콤부차 특유의 톡 쏘는 맛도 형성된다. 또한 발효 과정에서는 프로바이오틱스(Probiotics)가 생성되어 위, 간, 면역력 증강, 다이어트 등에 도움이 되는 웰니스 음료로 탄생하는 것이다. 다만 알코올 함유량이 낮더라도 어린이나 임신부, 수유모에게는 권장되지 않는다.

일반 가정에서 콤부차를 만들 경우에는 항상 깨끗한 재료들을 사용해야 하며, 그렇지 않을 경우에는 나쁜 박테리아들이 유입되어 부작용도 발생할 수 있다. 또한 콤부차 원액과 스코비는 금속과 접촉하면 화학 반응이 일어나 배양체가 손상되기 때문에 금속과 접촉되지 않도록 해야 한다.

박테리아와 이스트균의 공생 배양체인 스코비.

콤부차의 효능

콤부차는 그 건강 효능으로 오래전부터 민간 차원에서 만들어 마셔 왔지만, 그 효능에 대한 과학적인 검증은 비교적 최근에 들어 와서야 진행되어 현재는 각종 연구 성과들이 밝혀지고 있다. 이 책에서는 일반적으로 잘 알려진 건강 효능에 대해 간략히 소개한다.

간 및 체내 독소 제거

콤부차의 유효 성분에서 가장 주목을 받는 것은 글루쿠론산(Glucuronic Acid)이다. 이 글루쿠론산은 체내의 세포 대사 과정에서 생긴 노폐물이나 독성 물질들과 결합하여 배설계를 통해 배출되어 체내에 독성이 축적되는 것을 막고 간의 기능에 부하를 줄여 주는 효능이 있는데, 콤부차의 함유 성분들이 이 글루쿠론산을 활성화시킨다는 연구 결과들이 나온 것이다.

콜레스테롤 수치 유지

콤부차는 혈중 콜레스테롤 수치를 유지하고 혈압을 강하하는 데 도움이 된다. 글루쿠론산이 콜레스테롤의 수치도 내리는 효능이 있어, 결과적으로 동맥 경화증을 예방하는 효능도 있다.

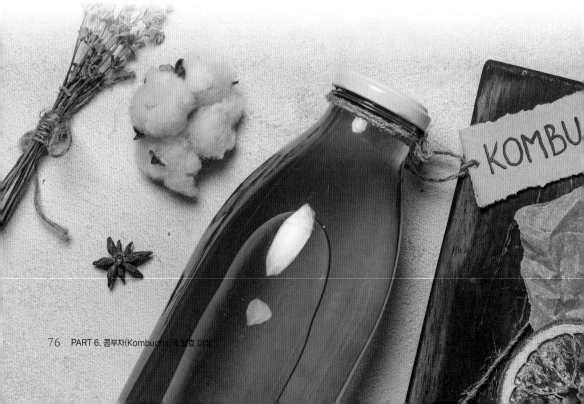

소화 장애 개선

콤부차에는 우리 몸에 유익한 유산균이 들어 있어 소화 장애를 개선해 주는 효능이 있다고 한다. 평소 소화 불량에 시달리는 사람들은 콤부차를 꾸준히 적정량을 섭취한다면 소화 장애의 개선에 도움이 될 것이다.

우울증 예방

찻잎에는 각종 비타민이 풍부하여 스트레스를 유발하는 호르몬을 억제시키는 효능이 있어 감정의 기복을 조절하는 데 도움을 줄 수 있다.

암의 예방

콤부차는 항산화 성분이 풍부하여 면역 시스템을 활성화하고 암 세포의 성장을 억제하는 데 도움이 된다.

다이어트 효과

콤부차는 칼로리가 100g당 15kcal로서 시판되는 탄산음료보다 낮아 체중 조절을 원하는 사람이나 비만인 사람들이 부담 없이 마실 수 있다. 또한 신진대사를 원활하도록 하여 체지방도 줄여 준다.

콤부차의 1차 발효 과정

콤부차는 1차, 2차에 걸쳐 발효시키는 음료이다. 먼저 1차 발효는 차류를 우린 찻물과 설탕 적당량을 유리병에 넣고 햇빛이 들지 않고 환기가 좋은 장소에 보관한다. 이때 설탕의 당 성분이 발효되어 신맛으로 바뀌고 발포성 탄산가스가 생성된다. 보통 7~14일째에 맛을 확인하여 1차 발효 완료 일자를 결정한다. 1차 발효가 완료된 콤부차는 다른 유리병에 옮겨서 냉장 보관한다.

 Recipe

● 재료
· 유리 용기
· 홍차(다른 찻잎도 가능) 15~20g
· 배양된 스코비(엄마 스코비)
· 설탕 200g
· 물 1L
· 콤부차 원액

● 미리 준비하기
1) 유리병 열탕 소독하기

● 미리 준비하기
01 끓인 물 1L에 홍차(잎차) 15~20g을 넣은 뒤 뚜껑을 덮어서 15~20분간 우린다
02 우린 찻잎을 거름망으로 거른 뒤 찻물에 설탕 200g을 넣고 녹인다
03 설탕이 다 녹으면 26도 정도로 식힌 뒤 보관 용기에 넣는다
04 ③에 엄마 스코비를 넣는다
05 스코비 위에 콤부차 원액(스코비가 이전에 담겨 있던 발효액)을 1~2컵 넣는다
06 잘 섞어 준다(금속 사용은 금지)
07 면 재질의 천으로 용기의 입구를 덮고 끈으로 묶어준다

콤부차의 2차 발효 과정

콤부차는 1차 발효시킨 뒤 마시는 경우도 있지만, 1차 발효시킨 원액에 과일이나 채소, 허브 등을 넣고 2차 발효시켜 향미를 더욱더 훌륭하게 만들어 마시는 경우가 많다. 2차 발효 과정에서는 이스트균들이 과당을 먹이로 톡 쏘는 맛을 내는 탄산가스를 생성시키며, 살아 있는 유산균을 음료로 섭취할 수 있는 웰니스 음료가 된다.

 Recipe

● 재료
· 콤부차 원액
· 과일
· 유리병

● 미리 준비하기
1) 유리병 열탕 소독하기(입구가 큰 유리병 추천)

● 만드는 과정
01 1차 발효 콤부차 원액을 거름망으로 걸러 준다
02 세척한 과일을 잘라서 준비한다
    과일은 사과, 수박, 블루베리, 포도 등 취향대로 준비한다
03 유리병에 과일을 ½~1컵 정도 넣고 + 콤부차 원액을 넣는다. 과일의 당도가 높을수록
    탄산가스의 생성량이 많다(홍차 언니 팁 : 콤부차 원액에 과일향 티백도 응용할 수 있다)
04 밀폐 용기의 뚜껑을 닫고 온도 22~26도의 어두운 장소에 보관한다
    * 여름철에는 중간 확인을 통해 탄산가스를 빼 주면 병이 폭발하는 위험을 줄일 수 있다
05 2~4일이 지나면 콤부차 2차 발효 음료의 완성!
    * 완성된 음료는 냉장 보관 후 2주 내로 마시는 것이 좋다
      탄산가스가 생기는 과정에서 미량의 알코올도 생성된다

PART 7
티 베리에이션 도구의 이해

티 베리에이션에 필요한 다양한 도구들

티 베리에이션 음료를 만들기 위해서는 여러 종류의 도구들이 사용된다. 티를 우리는 다구에서부터 저울에 이르기까지 매우 다양하다. 이 책에서 소개되는 모든 도구들을 다 갖출 수는 없겠지만, 평소에 즐기는 티 베리에이션 음료를 위한 도구만이라도 준비해 놓으면 여러모로 편리하다.

① 미니 소분 거름망 찻잎을 넣어 머그잔에서 우릴 때 사용하는 찻잎망이다.

② 스트레이너 찻잎이나 음료를 거를 때 사용한다.

③ 미니 자동 거품기 밀크 폼이나 치즈 폼을 만들 때 사용한다.

④ 아이스크림 스쿱 음료 위에 아이스크림을 올릴 때 사용한다.

⑤ 바 스푼 재료를 섞거나 음료를 잔에 조심스럽게 넣을 때 사용한다.

⑥ 스패출러 치즈 폼이나 커스터드 크림을 만들 때 사용한다.

⑦ 채칼(감자 필러) 과일이나 오이 등 야채의 껍질을 벗길 때 사용한다.

⑧ 스트레이너(거름망) 찻잎을 거를 때 사용한다.

⑨ 스쿱(Scoop) 수박 등의 과일을 떠낼 때 사용한다.

⑩ 아이스 스쿱(Ice Scoop) 글라스나 셰이커에 얼음을 담을 때 사용한다.

⑪ 수동 거품기(휘퍼) 파우더나 음료를 섞을 때 사용한다.

⑫ 셰이커 음료를 차게 만들거나 믹솔로지할 때 사용한다.

⑬ 전자 저울 주재료나 부재료의 무게를 잴 때 사용한다.

⑭ 타이머 티를 우리는 시간을 잴 때 사용한다.

⑮ 비커 음료의 부피를 계량할 때 사용한다.

⑯ 스퀴저 레몬, 라임과 같은 과일의 즙을 낼 때 사용한다.

⑰ 차완, 차선, 차시

⑱ 티팟, 찻잔, 스트레이너

⑲ 토치

⑳ 우유 거품기

㉑ 블렌더

㉒ 호우지차 로스터

⑰ ⓐ **차완(茶碗), ⓑ 차선(茶筅), ⓒ 차시(茶匙)**
차통의 말차를 차시로 차완에 적당히 넣은 뒤 차선으로 휘저어 격불한다.

⑱ **티팟, 찻잔, 스트레이너**
ⓐ **티팟** : 티를 우릴 때 사용하는 주전자.
ⓑ **스트레이너**: 티팟에 넣어 사용하는 거름망.
ⓒ **찻잔**: 티를 따라 마시는 잔.

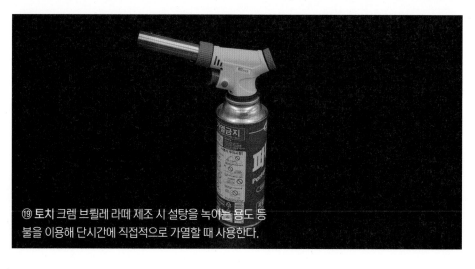

⑲ **토치** 크렘 브륄레 라떼 제조 시 설탕을 녹이는 용도 등
불을 이용해 단시간에 직접적으로 가열할 때 사용한다.

⑳ 우유 거품기 밀크 폼을 만들 때 사용한다.

㉑ 블렌더 과일이나 재료들을 으깰 때나 프로즌 스타일의 음료를 만들 때 사용한다.

㉒ 호우지차 로스터 녹차 찻잎을 볶을 때 사용한다.

PART 8
무카페인
허브 음료의 이해

무카페인 허브티 음료를 찾는 이유

오늘날 음료 시장에서 소비가 많은 커피와 티, 마테 등은 기본적으로 카페인(Caffeine)이 든 음료이다. 티에 든 카페인은 커피의 카페인과 달리 '테인(Theine)'이라고도 말하지만 기본적으로 성분은 같다. 물론 다이어트 티로 인기가 있는 마테(Mate)에도 카페인이 들어 있다. 그런데 사람들 중에는 이 카페인에 알레르기 반응을 보이는 체질도 있고, 각성 효과로 밤에 잠이 오지 않는 체질도 있어 '무카페인(Caffeine Free)' 음료만 마시는 사람들이 많다. 대표적인 음료로 허브티가 있다. 루이보스, 히비스커스, 캐모마일 등이다. 이 허브티를 이용한 베리에이션 음료들은 오늘날 RTD(Ready To Drink) 음료 시장에서도 매우 인기가 높다. 이 책에서는 그러한 음료들을 일반가정에서 쉽게 만들어 마실 수 있는 기본적인 방법에 대해 간략히 소개한다.

무알코올 베리에이션 음료, 목테일(Mocktail)

티 베리에이션 음료에서는 알코올을 사용하는 경우도 있다. 예를 들면, 스피릿츠 (Spirits), 진(Gin), 럼(Rum), 버번(Bourbon) 등의 다양한 술과 각종 허브나 과일로 장식한 '티 칵테일(Tea Cocktail)'이다. 그런데 티 칵테일과 비슷하지만 알코올이 들지 않은 음료도 있는데, '목테일(Mocktail)'이라고 한다. 이때 목테일은 거짓, 가장을 뜻하는 접두어 '목(Mock-)'과 '칵테일(Cocktail)'의 '테일(tail)'이 합성된 용어이다.

일반적으로 목테일이라고 하면 여러 종류의 허브나 시럽, 탄산수, 탄산음료, 주스 등을 섞어서 칵테일의 모습과 맛을 흉내 낸 것이다. 단 알코올은 들어가지 않는 것이다. 실제로 레스토랑이나 호텔의 바에서 활동하는 바텐더나 믹솔로지스트들은 목테일을 만들 때 칵테일과 동일 방법과 도구들을 사용하여 만드는 경우가 많다.

Column

'카페인 프리'와 '디카페인' 음료 시장의 성장

오늘날 세계 음료 시장은 티, 커피, 허브티(티잰) 등의 음료를 자신의 몸 상태에 맞게 건강 효능을 추구하면서 소비하는 추세이다. 대표적인 카페인 음료로는 커피와 티, 마테가 있고, 카페인 프리(Caffeine Free) 음료로는 루이보스, 히비스커스 등이 있다. 카페인은 각성 효과가 있어 수험생들을 위하여, 또는 명상가들을 위하여 도움이 되는 성분이지만 일부 사람들에게는 알레르기 반응을 일으키거나 수면 장애를 동반하여 꺼리는 사람들도 의외로 많다.

이러한 사람들은 대부분 카페인이 들지 않는 '카페인 프리'의 허브티 음료를 주로 찾는다. 그런데 최근에는 이러한 상황과 맞물려 전 세계적으로 '디카페인 음료(Decaffeinated Drink)'의 시장도 성장하고 있다. 티나 커피, 마테와 같이 근본적으로 카페인이 든 음료에서 특별한 용매(또는 용제)를 통해 인위적으로 추출, 제거하여 카페인의 함유량을 대폭적으로 줄인 것이다.

실제로 2017년 영국의 티 브랜드인 '타이푸(Typoo)'에서는 인도에서 티로부터 카페인 함유량을 99%나 줄인 '디카페인 티(Decaffeinated Tea)'를 티백으로 개발하여 판매하기 시작하였다.

더욱이 <포춘 비즈니스 인사이트(Fortune Business Insights)>에서는 지난 2021년 아시아와 북미를 중심으로 '하이 티(High Tea)'에 열광하는 소비자들이 늘고 있어 2022년부터 2029년까지 디카페인 시장이 크게 성장할 것으로 내다보았다.

그 이유는 티에서 건강에 좋은 유효 성분도 섭취하면서 카페인 함유량을 줄여 알레르기와 수면 부족 등의 부작용도 대폭 감소시킨다면 하이 티를 즐기는 애호가들뿐만 아니라 누구나 즐겨 마실 수 있는 음료가 될 것이 분명하기 때문이다. 실제로도 티와 커피 시장에서는 카페인이 잠재적인 소비 시장을 넓히는 데 큰 장벽이 되고 있다.

더욱이 현재 소비 시장이 포화 상태를 보이고 있는 커피 시장에서는 그러한 장벽을 뛰어넘어 소비 시장을 확대하기 위해 '디카페인 커피(Decaffeinated Coffee)'를 개발해 시장에 선보이려는 움직임이 일고 있다.

물론 국내에서도 최근 일부 업체들을 중심으로 디카페인 커피를 개발해 소비 시장을 넓히려는 시도가 진행되고 있지만, 디카페인 티 시장의 성장은 과거 커피 시장이 성장한 뒤에 티 시장이 성장한 전례를 볼 때 시간이 훨씬 더 걸릴 것으로 보인다.

체리 블로섬(cherry blossom)

무카페인 과일 티

열대 과일은 오늘날 무카페인 음료의 재료로 많이 사용된다. 파인애플, 사과, 각종 베리류, 망고 등이 대표적이다. 열대 과일은 맛뿐 아니라 향도 매우 훌륭하다. 또한 색채감도 강하여 시각적인 아름다움을 주고, 카페인도 들어 있지 않아 누구나 부담 없이 즐길 수 있다. 이 책에서는 그러한 열대 과일을 블렌딩한 아만프리미엄티(Aman Premium Tea)의 제품인 '왓 어 필링(What A Feeling)'이라든지 '오버 더 레인보우(Over The Rainbow)'의 제품을 사용해 무카페인 과일 티 음료를 만들 수 있는 방법을 소개한다.

왓 어 필링 (What A Feeling)

파파야, 파인애플, 망고, 코코넛, 사과 등 열대 과일의 무카페인 허브티이다.
(아만프리미엄티 제공)

● **재료**
· 파파야 Papaya
· 파인애플 Pineapple
· 사과 Apple
· 베리류 잎 Berries Leaf
· 파인애플·코코넛·망고·파파야 향

파인애플 망고 티
Pineapple Mango Tea

🍸Recipe

- **재료**
  - 왓 어 필링 7.5g(또는 티백 3개)   · 망고(냉동 망고 가능)   · 모구모구(Mogu Mogu) 망고주스
  - 얼음   · 코코넛 젤리   · 정수 250mL

- **미리 준비하기**
1) 왓 어 필링 7.5g(또는 티백 3개) + 정수 250mL = 냉침한다
   # 급랭할 경우에는 티팟에 왓 어 필링 7.5g + 95도의 뜨거운 물 240mL를 넣은 후
   = 5~8분간 우린 뒤 얼음을 넣는다

- **만드는 과정**
01 유리잔에 얼음 60g + 냉침 차 130mL + 모구모구 주스 120mL = 넣어 준다
02 ①에 코코넛 젤리 20g + 큐브 망고 30g 정도 올려 주면 = 파인애플 망고 티 완성!
03 가니쉬는 망고, 파인애플, 오렌지 등 추천

트로피컬 오렌지 소다
Tropical Orange Soda

🍊 Recipe

• **재료**
· 왓 어 필링 5g(또는 티백 2개)　　· 오렌지주스 40mL
· 사이다(복숭아 맛) 500mL　　　　· 얼음 80~90g

• **미리 준비하기**
① 복숭아 맛 사이다 500mL에 + 왓 어 필링 5g(또는 티백 2개)를 넣어서 = 냉침한다
　# 사이다에 냉침하면 열대 과일의 달콤한 맛이 더욱 증폭된다

• **만드는 과정**
01 유리잔에 얼음 80~90g을 넣고 + 오렌지주스 40mL = 넣어 준다
02 ①에 냉침 차를 부으면 트로피컬 오렌지 소다 완성!
03 가니쉬는 오렌지 추천

무카페인 과일티　☑ Iced　☐ Hot

워터멜론 피나 콜라다 에이드
Watermelon Pina Colada Ade

🍸 Recipe

- **재료**
  - · 왓 어 필링 5g(또는 티백 2개)　· 피나 콜라다 시럽 15mL　· 수박 과육 70g
  - · 사이다(탄산수) 150mL　　　· 정수 170mL　　　　· 얼음

- **미리 준비하기**
  1) 왓 어 필링 5g(또는 티백 2개) + 정수 170mL = 냉침한다

- **만드는 과정**
  01 블렌더에 수박 과육 70g + 냉침 차 120mL + 피나 콜라다 시럽 15mL를 넣은 뒤 = 윙윙 갈아 준다
  02 유리잔에 얼음을 넣고 + ①을 넣은 뒤 + 사이다(탄산수) 150mL를 넣어 주면 워터멜론 피나 콜라다
  　　에이드 완성!
  03 가니쉬는 수박이나 파인애플 응용 추천

블루 레모네이드
Blue Lemonade

Recipe

• 재료
· 홍차 언니 셀프 블렌딩 = 2g   · 사이다 140mL   · 블루 큐라소 시럽 15mL
· 레몬 ½개   · 얼음 80g

• 미리 준비하기
1) 홍차 언니 셀프 블렌딩 만들기 : 레몬그라스 0.5g + 레몬 머틀 0.8g + 그린 루이보스 0.5g
    + 레몬 필 0.2g = 2g을 블렌딩한 뒤 정수 200mL에 냉침한다
2) 스퀴저에 레몬 ½개를 사용하여 레몬즙을 준비한다

• 만드는 과정
01 비커에 냉침 차 120mL + 사이다 140mL를 붓고 = 섞어 준다
02 유리잔에 얼음 80g + 블루 큐라소 시럽 15mL를 넣어 준다
03 ①을 ②에 조심스레 따른 뒤 + 레몬즙 30mL를 = 넣어 주면 블루 레모네이드 완성!
04 가니쉬는 레몬, 블루베리, 민트 잎 추천

오버 더 레인보우 (Over The Rainbow)

새콤달콤한 딸기와 베리류, 사과, 그리고 싱그럽고도 상쾌한 민트의 무카페인 허브티이다(아만프리미엄티).

• 재료
· 스피어민트 Spearmint
· 페퍼민트 Peppermint
· 딸기 Strawberry
· 사과 Apple
· 베리류 잎 Berries leaf (블랙베리, 블랙커런트 잎)
· 네틀 Nettle
· 천연 딸기 향

스트로베리 민트 티
Strawberry Mint Tea

 Recipe

• 재료
· 오버 더 레인보우 5g(또는 티백 2개)   · 딸기 농축액 40mL   · 정수 200mL
· 냉동 딸기(생딸기 가능) 70g   · 사이다 170mL   · 생민트 7~8g

• 미리 준비하기
1) 오버 더 레인보우 5g(또는 티백 2개) + 정수 200mL = 냉침한다

• 만드는 과정
01 블렌더에 냉동 딸기 70g + 딸기 농축액 40mL + 냉침 차 60mL = 슬러시 농도로 만들어 준다
02 유리잔에 민트 잎 7~8g을 넣고 나무 절굿공이를 사용해 짓이겨 준다
03 ②에 냉침 차 150mL + 사이다 170mL를 넣어 준다
04 블렌더에 만들어 놓은 ①을 ③위로 바 스푼 뒷면을 사용하여 조심스레 넣어 주면 스트로베리 민트 티 완성!
05 가니쉬는 민트 잎 추천

워터멜론 스트로베리 에이드
Watermelon Strawberry Ade

이 음료는 오버 더 레인보우를 베이스로 하여 수박 과육과 딸기를 더한 무카페인 과일 에이드이다. 딸기와 수박 과육의 시원한 단맛의 조합을 즐길 수 있다.

🐦 Recipe

• **재료**
· 오버 더 레인보우 5g(또는 티백 2개)   · 수박 과육 80g   · 얼음
· 딸기 농축액 30mL   · 사이다(복숭아 맛) 150~170mL · 정수 150mL

• **미리 준비하기**
1) 오버 더 레인보우 5g(또는 티백 2개) + 정수 150mL = 냉침한다
2) 생민트 잎을 잘라 놓는다

• **만드는 과정**
01 블렌더에 수박 과육 80g + 딸기 농축액 30mL + 냉침 차 150mL를 넣은 뒤 = 갈아 준다
02 유리잔에 얼음을 넣고 + ①을 넣어 준다
03 ②의 위로 복숭아 맛 사이다 150~170mL를 넣어 주면 워터멜론 스트로베리 에이드 완성!
04 가니쉬는 수박, 민트, 딸기 추천

민트 음료

세상에 허브의 종류는 수천 종 이상이나 될 만큼 많다. 그중에서 싱그럽고 향긋하면서 추울 때는 몸을 따뜻하게, 더울 때는 몸을 시원하게 하는 약효도 있어 서양에서 오래 전부터 사용되어 온 허브를 꼽으라면 단연 '민트(mint)'를 들 수 있다. 이러한 민트는 오늘날 다양한 과일류와 함께 베리에이션 음료의 재료로 많이 사용되고 있다.

나나 민트 (Nana Mint), 스피어민트 + 페퍼민트 (Spearmint+Peppermint)

추울 때는 따뜻하게, 더울 때는 시원하게 해 주는 민트. 나나 민트는 상쾌하고 시원한 향미의 무카페인 허브티이다(아만프리미엄티 제공). 그리고 스피어민트와 페퍼민트를 블렌딩한 '스피어민트+페퍼민트'는 소화불량, 기분 전환, 고장 증상 등에 효능이 좋은 스피어민트와 감기, 천식, 기관지염, 폐결핵에 효능이 있고, 정신적인 피로 해소에 좋은 페퍼민트와의 블렌딩이다.

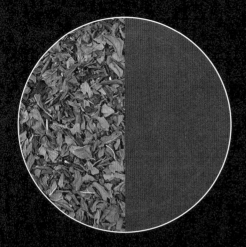

나나 민트 (Nana Mint)

모로칸 민트 티의 주원료인 나나 민트.

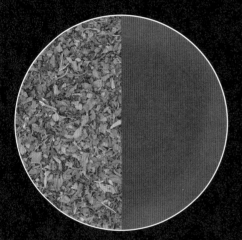

스피어민트 (Spearmint)

소화 불량 개선, 기분 전환, 고창(복부 가스 팽만) 증상 개선, 메스꺼움 해소, 건위 작용, 항균, 이담(담즙 분비 촉진으로 배설 촉진) 등에 효능이 있다.

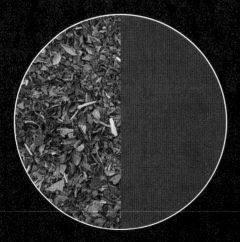

페퍼민트 (Peppermint)

감기, 천식, 기관지염, 콜레라, 폐렴, 폐결핵, 식중독, 항균, 해열, 발한, 정신적 피로, 우울증, 신경 발작의 개선에 도움이 된다.

허니 레몬 민트 티
Honey Lemon Mint Tea

이 음료는 상큼한 민트의 향미에 새콤한 레몬과 달콤한 꿀이 어우러져 환상적인 맛의 조합을 만들어 낸다. 꿀과 레몬즙, 신선한 초록의 향미를 느껴 보자.

🍸 Recipe

• 재료
· 스피어민트 잎 2g(또는 티백 1개)
· 꿀 또는 아가베 시럽 20mL
· 레몬즙 20mL
· 얼음
· 정수 200mL

• 미리 준비하기
1)스피어민트 잎 2g(또는 티백 1개)
　　= 정수 200mL가 든 용기에 넣고 냉침한다
　　# 급랭할 경우 : 스피어민트 잎 2g + 95도의 물 190mL
　　= 3~5분간 우린 뒤 얼음을 넣는다

• 만드는 과정
01 셰이커에 레몬즙 20mL + 아가베 시럽 20mL
　　+ 냉침 차 130mL = 셰이킹한다
02 유리잔에 ①을 부어 주면 허니 레몬 민트 티 완성!
03 가니쉬는 생민트 잎, 레몬 슬라이스 추천

라임 바질 민트 티 소다
Lime Basil Mint Tea Soda

라임 바질 민트 티 소다는 모히토에서 영감을 받은 것으로서 라임, 바질, 민트가 어우러진 향미의 티를 칵테일처럼 즐겨 보자.

🍸 Recipe

• 재료
· 스피어민트 잎 2g(또는 티백 1개)   · 바질 시럽 10mL   · 민트 시럽 10mL   · 라임 ½개
· 피지 라임(광동제약 : 저칼로리 라임 탄산음료)   · 얼음

• 미리 준비하기
1) 스피어민트 잎 2g(또는 티백 1개) + 정수 200mL에 넣고 = 냉침한다.
2) 스퀴저로 라임즙을 낸다
   # 급랭할 경우 : 스피어민트 잎 2g + 95도의 물 190mL = 3분간 우린 뒤 얼음을 넣는다

• 만드는 과정
01 비커에 라임즙 20mL + 냉침 차 120mL + 피지 라임 150mL를 넣고 = 섞어 준다
02 유리잔에 바질 시럽 10mL + 민트 시럽 10mL을 붓고 + 얼음을 넣는다
03 ①을 ②에 바 스푼 뒷면을 활용해 조심스레 부어 주면 층이 분리되면서 라임 바질 민트 티 소다 완성
04 가니쉬는 라임, 바질 잎 추천

코코넛 블루 멜로우
레모네이드.

코코넛 블루 멜로우 레모네이드
Coconut Blue Mallow Lemonade

이 음료는 시원한 블루에서 핑크색 계열의 보라색까지 변화하는 아름다운 모습의 무카페인 아이스 허브티이다. 상큼한 레몬 향과 코코넛 시럽이 더해진 것이 특징이다.

 Recipe

• 재료
· 블루 멜로우 0.5g   · 레몬 ½개   · 50도의 물 150mL
· 코코넛 시럽 15mL   · 얼음

• 미리 준비하기
1) 블루 멜로우 0.5g + 50도의 물 150mL = 10초 정도 우린 뒤 스트레이너로 걸러준다
2) 스퀴저로 레몬즙을 준비한다

• 만드는 과정
01 유리잔에 얼음을 넣고 + 코코넛 시럽 15mL을 넣은 뒤 + 우린 블루 멜로우 150mL = 넣어 준다.
02 ①의 위로 레몬즙 20mL를 부으면(핑크색으로 변화) = 코코넛 블루 멜로우 레모네이드 완성!
03 레몬즙은 손님이 취향대로 즐길 수 있도록 따로 내 줘도 좋다

루이보스 음료

루이보스(rooibos)는 무카페인 허브로서 매우 다양하게 블렌딩되어 사용되고 있으며, 티 베리에이션에서도 자주 등장하는 소재이다. 색감도 좋고 약간의 단맛도 있을 뿐 아니라 쓴맛과 떫은맛이 없어 광범위하게 활용되고 있다.

이 책에서는 루이보스를 활용한 티 베리에이션 음료를 소개한다. 루이보스 베리에이션 음료의 기본 재료로는 루이보스, 오렌지 필, 그리고 오렌지 천연 향료를 블렌딩한 제품인 '브라보 마이 라이프(Bravo My Life)'(아만프리미엄티 제공)를 사용하였다. 물론 자신의 기호에 맞게 루이보스 블렌딩 티를 만들어 직접 베리에이션 음료로 만들어 즐길 수도 있다.

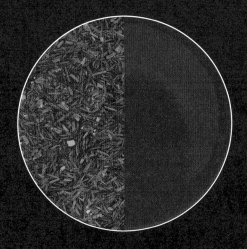

루이보스 (Rooibos)

루이보스는 아토피성 피부염, 화분증, 알레르기, 냉증 등 순환 불량의 대표적인 허브이다. 항산화 작용으로 노화를 방지하는 천연의 단맛을 가진 불로장생의 허브인 루이보스는 단품으로도 인기가 매우 높은 무카페인 음료이다. 이것은 루이보스를 산화시킨 레드 루이보스이다(아만프리미엄티 제공).

허니부시 (Honeybush)

허니부시는 남아프리카 남부 지역에서만 자생하는 허브이다. 꽃의 꿀 향과 비슷한 향이 나는 데서 이름이 유래되었다. 허니부시는 루이보스와 유사성이 많은 허브로 단품의 제품들도 있다(아만프리미엄 티 제공).

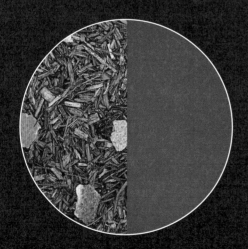

브라보 마이 라이프
(Bravo My Life)

오렌지의 단맛이 가미된 천연 무카페인 음료이다. 휴식을 취하기에 완벽한, 하루 중에서도 언제든지 즐길 수 있는 티이다.

- 재료
  · 루이보스 Rooibos
  · 오렌지 필 Orange Peel
  · 천연 오렌지 향 Natural Flavoring

루이보스 오렌지 민트 티
Rooibos Orange Mint Tea

이 음료는 루이보스와 오렌지 필에 민트를 블렌딩한 것으로서 루이보스, 오렌지의 상큼한 맛이
민트의 맛과 조화를 이루면서 마음에 휴식을 가져다준다.

🍸 Recipe

• 재료
· 브라보 마이 라이프 2.5g(또는 티백 1개) · 나나민트 2g(또는 티백 1개) · 얼음 · 정수 300mL

• 미리 준비하기
1) 브라보 마이 라이프 2.5g(또는 티백 1개) + 나나 민트 2g(또는 티백 1개) + 정수 300mL =
　냉침한다(냉장실에서 10~15시간 동안 냉침)
　# 급랭할 경우 : 티팟에 브라보 마이 라이프 2.5g + 나나민트 2g + 95도의 물 280mL를 넣고
　= 5분간 우린 뒤 얼음을 넣는다
　* 민트는 나나 민트, 스피어민트, 페퍼민트 중 선택해서 사용한다

• 만드는 과정
01　유리잔에 얼음을 넣고 + 냉침 차를 채워 넣으면 = 루이보스 오렌지 민트 티 완성!
02　가니쉬는 오렌지, 로즈메리(Rosemary), 타임, 생민트 잎 등 추천

루이보스 오렌지 민트 에이드
Rooibos Orange Mint Ade

루이보스와 오렌지 향미가 훌륭한 '루이보스 오렌지 티'의 상큼한 맛과 민트의 시원한 맛을 탄산 에이드로 즐길 수 있는 음료이다.

 Recipe

• **재료**
· 브라보 마이 라이프 2.5g(또는 티백 1개)   · 나나 민트 2g(또는 티백 1개)   · 정수 170mL
· 청귤 맛 사이다 150mL   · 민트 시럽 10mL   · 얼음

• **미리 준비하기**
1) 브라보 마이 라이프 2.5g(또는 티백 1개) + 나나 민트 2g(또는 티백 1개) + 정수 170mL
   = 냉침한다.(냉장실에서 10~15시간 동안 냉침)
   # 급랭할 경우 : 티팟에 브라보 마이 라이프 2.5g + 나나 민트 2g + 95도의 물 160mL을 넣고
   = 5분간 우린 뒤 얼음을 넣는다
   * 민트는 나나 민트, 스피어민트, 페퍼민트 중 선택해서 사용한다

• **만드는 과정**
01 유리잔에 얼음을 넣고 + 민트 시럽 10mL를 넣어 준다
02 ①에 냉침한 루이보스 민트 티 150mL + 청귤 맛 사이다를 150mL 넣어 주면
   = 루이보스 오렌지 민트 에이드 완성!
03 가니쉬는 레몬, 로즈메리, 타임, 민트 등 추천

루이보스 오렌지 소다
Rooibos Orange Soda

 Recipe

• 재료
· 브라보 마이 라이프 5g(또는 티백 2개) · 오렌지 농축액 또는 오렌지 시럽 · 정수 150mL
· 사이다 170mL · 얼음 100g

• 미리 준비하기
1) 브라보 마이 라이프 5g(또는 티백 2개) + 정수 150mL = 냉침한다(냉장실에서 10~15시간 냉침)
   # 급랭할 경우 : 티팟에 브라보 마이 라이프 5g(또는 티백 2개) + 95도의 물 140mL
   = 5분간 우린 뒤 얼음을 넣는다

• 만드는 과정
01 유리잔에 얼음을 100g을 넣고
   + 오렌지 시럽 10mL를 넣는다
02 ①에 냉침 차 150mL + 사이다 170mL를 넣어 주면
   = 루이보스 오렌지 소다 완성!
03 가니쉬는 로즈메리(Rosemary), 시나몬(Cinnamon) 스틱,
   스타아니스(Star Anise) 등 추천

루이보스 시럽 만들기
Rooibos Syrup

'레드 티(Red Tea)', '레드부시 티(Red Bush Tea)'라고도 불리는 무카페인 음료인 루이보스에
오렌지를 넣어 시럽으로 만들면 다양한 음료에 응용할 수 있다.

🍸 Recipe

• 재료
· 브라보 마이 라이프 30g   · 물 300mL   · 설탕(비정제당 가능) 100g

• 미리 준비하기
1) 냄비(바닥이 얇지 않은 것) 2개   2) 거름망(촘촘한 것 추천)   3) 유리병(시럽 용기)

• 만드는 과정
01 냄비에 물 300mL를 넣고 끓인다
02 불을 끈 뒤 ①에 브라보 마이 라이프(잎차) 30g을 넣고 + 뚜껑을 닫고
     = 10~15분간 우린다.(루이보스는 오랫동안 우려도 쓴맛이 나지 않는 이점이 있다)
03 거름망에 부어 ②의 찻잎을 걸러 낸다.(180mL 정도)
04 새 냄비에 ③을 붓고 + 설탕 100g을 넣은 뒤 = 약한 불에서 10~15분간 졸인다
     (설탕을 휘저으면 결정이 생기기 때문에 휘젓지 않도록 주의!)
05 ④를 잠시 식힌 뒤 유리병에 넣고 냉장고에서 10~15시간 보관한 뒤 사용한다
     (시럽의 농도는 꿀과 비슷해진다)

루이보스 티
Rooibos Tea

시럽 위로 뜨거운 물만 넣어주면 피로 해소와 함께 긴장을 완화시켜 주는 달콤한 루이보스 티를 즐길 수 있다.

 Recipe

• **재료**
· 루이보스 시럽 15mL　　· 95도의 뜨거운 물 200mL

• **미리 준비하기**
1) 루이보스 시럽 만들기　2) 찻잔 예열하기

• **만드는 과정**
01 예열한 찻잔에 루이보스 시럽을 15mL넣는다
02 ①에 95도의 물 200mL를 부으면 루이보스 오렌지 티 완성!
03 가니쉬는 오렌지 추천!

루이보스 오렌지 에이드
Rooibos Orange Ade

루이보스 시럽으로 탄산수와 함께 베리에이션하여 시원한 에이드로 만들어
우울하거나 의기소침한 마음에 활기를 불어넣어 보자!

 Recipe

• **재료**
· 루이보스 오렌지 시럽 40mL   · 탄산수 250mL   · 얼음

• **미리 준비하기**
1) 루이보스 시럽 준비하기

• **만드는 과정**
01 유리잔에 얼음을 넣고, 그 위로 탄산수를 250mL 정도 넣는다
02 ①의 유리잔에 루이보스 오렌지 티 시럽 40mL를 넣으면 루이보스 오렌지 에이드 완성!
03 가니쉬는 오렌지 또는 타임이나 로즈메리 사용 추천!

루이보스 오렌지 핫 밀크 티
Rooibos Orange Hot Milk Tea

서양에서 루이보스는 홍차와 마찬가지로 밀크 티로 즐긴다.
목 넘김이 부드러운 루이보스와 우유의 환상적인 조합을 경험해 보자.

 Recipe

• **재료**
· 루이보스 시럽 40mL   · 따뜻한 우유 200mL

• **미리 준비하기**
1) 루이보스 시럽 준비하기   2) 찻잔 예열하기

• **만드는 과정**
01 예열한 찻잔에 루이보스 오렌지 시럽을 40mL 정도 넣는다
02 ①의 찻잔에 따뜻한 우유 200mL를 넣고 + 위로 밀크 폼을 올리면
     = 루이보스 오렌지 핫 밀크 티 완성!
03 가니쉬는 건조 오렌지나 루이보스 잎 추천

루이보스 오렌지 아이스 밀크 티
Rooibos Orange Iced Milk Tea

오렌지 캐러멜 같은 묵직한 질감의 밀크 티에 놀라움을 경험해 보자.

 Recipe

• **재료**
· 루이보스 오렌지 시럽 50~70mL　　· 차가운 우유 250mL　　· 얼음

• **미리 준비하기**
1) 루이보스 오렌지 시럽 준비하기

• **만드는 과정**
01 유리잔에 얼음을 넣고, 차가운 우유 250mL를 넣는다
02 ①의 유리잔에 + 루이보스 오렌지 티 시럽 50~70mL를 넣으면
　　= 루이보스 오렌지 아이스 밀크 티 완성!
03 가니쉬는 건조 오렌지 추천

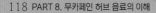

루이보스 오렌지 콤부차
Rooibos Orange Kombucha

중국 진시황제가 불로장생을 위해 마셨다는 전설과 함께 오늘날 건강차의 아이콘으로 떠오른 콤부차! 그 콤부차와 새콤달콤한 루이보스 시럽의 절묘한 만남이다!

 Recipe

• **재료**
· 루이보스 오렌지 시럽 50mL   · 콤부차 배양액 50~60mL   · 탄산수 250mL   · 얼음

• **미리 준비하기**
1) 루이보스 오렌지 시럽 준비하기

• **만드는 과정**
01 유리잔에 얼음을 넣는다
02 ①의 유리잔에 콤부차 배양액 50~60mL를 넣는다
03 ②의 위로 탄산수 250mL + 루이보스 시럽 50mL를 넣으면 = 루이보스 오렌지 콤부차 완성!
04 가니쉬는 생과일 오렌지, 라임, 민트 추천

히비스커스 음료

비타민 C가 풍부해 유럽에서 한때 비타민 대용재로 사용되었던 히비스커스는 그 성분뿐 아니라 화려한 진홍색으로 다른 음료에 색채감을 주는 용도로도 자주 사용된다. 또 히비스커스에 다양한 허브와 과일들을 블렌딩한 제품들도 시중에서 많이 판매되고 있다.

티 베리에이션에서는 히비스커스를 단품으로 사용하는 경우도 있지만, 주로 다양한 허브나 과일, 향신료를 블렌딩하여 사용된다. 이 책에서는 히비스커스 베리에이션 음료의 기본 재료인 히비스커스에 사과, 레몬그라스(Lemongrass), 오렌지 필, 딸기, 천연 오렌지 향료, 딸기 향료를 블렌딩한 티인 아만프리미엄티 브랜드의 '스위트 드림(Sweet Dream)'과 히비스커스 꽃받침과 엘더베리, 커런트, 천연 블랙커런트 향료, 레드 베리 향료를 블렌딩한 '로스트 인 프루트(Lost in Fruit)'를 사용하였다. 물론 자신의 취향에 맞게 히비스커스 블렌딩 티를 만든 뒤 베리에이션 음료로 즐길 수도 있다.

스위트 드림 (Sweet Dream)

스위트 드림은 오렌지, 딸기의 달콤한 맛이 마음을 안정시킨다. 사과, 히비스커스, 레몬그라스, 딸기, 오렌지의 향미로 행복한 꿈을 꾸게 만들 만한 음료이다.

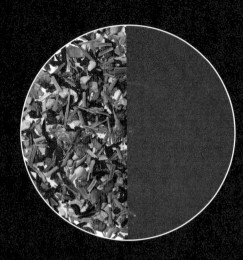

- ● 재료
  - · 사과 Apple
  - · 히비스커스 Hibiscus
  - · 레몬그라스 Lemongrass
  - · 오렌지 필 Orange Peel
  - · 스트로베리 Strawberry
  - · 천연 오렌지 향 Natural Orange Flavor
  - · 딸기 향 Strawberry Flavor

로스트 인 프루트 (Lost In Fruit)

로스트 인 프루트는 히비스커스의 새콤달콤한 맛이 매우 풍부한 블렌딩 티이다. 히비스커스, 엘더베리, 커런트 등이 있어 비타민 C가 풍부하여 항산화 효능이 높은 음료이다.

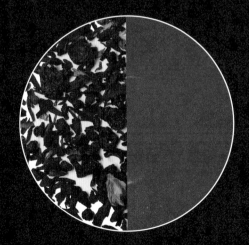

- ● 재료
  - · 히비스커스 Hibiscus Petals
  - · 엘더베리 Elderberries
  - · 블랙커런트 Blackcurrants
  - · 천연 블랙커런트 향
    Natural Black Currants Flavor
  - · 레드베리 향 Red Berries Flavor

히비스커스 애플 티
Hibiscus Apple Tea

히비스커스 애플 티는 사과, 히비스커스의 싱그럽고 상쾌한 향이 훌륭하고, 쓴맛, 떫은맛, 카페인도 없어 남녀노소 누구나 즐길 수 있는 훌륭한 음료이다.

🍸 Recipe

• 재료
· 스위트 드림 2.5g(또는 티백 1개)   · 사과   · 과일 향(애플) 시럽 20~30mL

• 미리 준비하기
1) 예열한 티팟에 스위트 드림 2.5g(또는 티백 1개)을 넣은 뒤 + 95도의 물 200mL을 넣고
   = 3~5분간 우린다
2) 찻잔 예열하기

• 만드는 과정
01 예열한 찻잔에 사과잼이나 애플 시럽(과일 맛)을 20~30mL 넣는다.(일반 시럽 대체 가능)
02 ①의 찻잔에 우려진 히비스커스 티를 8부 정도 넣는다
03 사과를 예쁜 모양으로 만들어 가니쉬로 올려 주면 히비스커스 애플 티 완성!

핑크 코코넛 젤로 티
Pink Coconut Jello Tea

 Recipe

• 재료
· 히비스커스 블렌딩 티 : 로스트 인 프루트 2.5g(또는 티백 1개) + 스위트 드림 2.5g(또는 티백 1개)
· 피나 콜라다 시럽 30mL   · 코코넛 젤리 70g   · 파인애플 주스 80mL   · 얼음   · 정수 200mL

• 미리 준비하기
1) 로스트 인 프루트 2.5g(또는 티백 1개) + 스위트 드림 2.5g(또는 티백 1개)
    = 정수 200mL에 냉침한다(냉장실에서 10~15시간 동안 냉침)
    # 급랭할 경우 : 티팟에 로스트 인 프루트 2.5g + 스위트 드림 2.5g + 95도의 물 180mL
        = 5~8분간 우린 뒤 얼음을 넣는다

• 만드는 과정
01 유리잔에 얼음을 넣고 + 코코넛 젤리 70g을 넣는다
02 ①의 유리잔에 피나 콜라다 시럽 30mL + 파인애플 주스 80mL를 넣는다
03 ②의 위로 + 히비스커스 냉침 차 200mL를 조심스레 부으면 = 핑크 코코넛 젤로 티 완성!
04 가니쉬는 블루베리, 앵두, 파인애플 추천
*피나 콜라다(Pina Colada) : 럼주에 열대 과일인 파인애플주스와 코코넛을 넣은 칵테일

오렌지 선라이즈 티
Orange Sunrise Tea

상큼한 오렌지와 새콤한 히비스커스의 절묘한 랑데부! 노란색과 진홍색 그라데이션을 눈으로 즐기면서 마시는 무카페인 히비스커스 음료이다.

 Recipe

• 재료
· 히비스커스 블렌딩 티 : 로스트 인 프루트 2.5g(또는 티백 1개) + 스위트 드림 2.5g(또는 티백 1개)
· 체리 시럽(과일 시럽 모두 가능) · 오렌지 주스 · 얼음 · 정수 150mL

• 미리 준비하기
1) 로스트 인 프루트 2.5g(또는 티백 1개) + 스위트 드림 2.5g(또는 티백 1개)
   + 정수 150mL = 냉침한다(냉장실에서 10~15시간 냉침)
   # 급랭할 경우 : 블렌딩한 찻잎 5g + 95도의 물 140mL를 넣고
      = 5~8분간 우린 뒤에 얼음을 넣는다

• 만드는 과정
01 유리잔에 얼음 + 체리 시럽 20mL = 넣는다
02 ①의 유리잔에 오렌지주스를 60%를 채운다
03 ②의 위로 냉침한 히비스커스 티 150mL를 바 스푼의 뒷면을
   활용해 조심스레 따라 주면 = 오렌지 선라이즈 티 완성!
*추천 : 가니쉬는 생오렌지, 마라스키노체리 추천

레드 체리 피치 에이드
Red Cherry Peach Ade

🍸 Recipe

- **재료**
- · 로스트 인 프루트 5g(또는 티백 2개) · 복숭아 농축액 30mL · 체리 시럽 10mL
- · 사이다(복숭아 맛 추천) 150~200mL · 얼음 100g · 정수 150mL

- **미리 준비하기**
1) 로스트 인 프루트 5g(또는 티백 2개) + 정수 150mL = 냉침한다(냉장실에서 10~15시간 냉침)
    # 급랭할 경우 : 로스트 인 프루트 5g + 95도의 물 140mL = 5~8분간 우린 뒤에 얼음을 넣는다

- **만드는 과정**
01 유리잔에 얼음 100g + 복숭아 농축액 30mL + 체리 시럽 10mL = 넣는다
02 ①의 유리잔에 냉침 차 150mL + 사이다(복숭아 맛) 150~200mL를 넣어 주면
    = 레드 체리 피치 에이드 완성!
03 가니쉬는 레몬, 로즈메리, 체리 추천

히비스커스 시럽 만들기
Hibiscus Syrup

히비스커스는 티 베리에이션 분야에서 사용의 빈도가 매우 높다. 로스트 인 프루트와 스위트 드림을 블렌딩한 티로 시럽을 만들면 엘더베리(Elderberry), 블랙커런트(Blackcurrant) 등의 향미도 즐길 수 있다.

🍸 Recipe

• 재료
· 히비스커스 블렌딩 티 : 로스트 인 프루트 15g(또는 티백 6개) + 스위트 드림 15g(또는 티백 6개) = 찻잎 총 30g
· 설탕 100~150g(당조 조절 가능)

• 미리 준비하기
1) 냄비(밑바닥이 얇지 않은 것) 2개   2) 거름망(촘촘한 것 추천)   3) 유리병(시럽 용기)

• 만드는 과정
01 냄비에 물 300mL를 넣고 끓인다
02 불을 끈 뒤 ①에 준비된 찻잎 30g을 넣고 뚜껑을 닫고 10~15분간 우린다
03 거름망을 통해 ②의 찻잎을 걸러 낸다(약 180mL 정도 추출됨)
04 새 냄비에 ③을 붓고 + 설탕 150g을 넣은 뒤 = 약한 불로 10~15분간 졸인다
   (설탕을 휘저으면 결정이 생기니 휘젓지 않도록 주의!)
05 ④를 잠시 식힌 뒤 + 유리병에 넣고 = 냉장실에서
   약 10~15시간 정도 보관한다(시럽의 농도가 꿀처럼 끈적해진다)

프루트 히비스커스 티
Fruit Hibiscus Tea

새콤달콤한 프루트 젤리와도 같은 과일 믹스의 향미와 진홍색으로 보기에도 훌륭한 프루트
히비스커스 티. 무카페인 과일 믹스 티로 기분을 전환해 보자.

 Recipe

• **재료**
· 히비스커스 시럽 20~30mL   · 95도의 뜨거운 물

• **미리 준비하기**
1) 히비스커스 시럽 준비하기
2) 찻잔 예열하기

• **만드는 과정**
01 예열한 찻잔에 히비스커스 시럽 20~30mL를 넣는다
02 ①의 찻잔에 95도의 물을 부으면 프루트 히비스커스 티 완성!
03 가니쉬는 건조 과일이나 허브 잎 추천

프루트 히비스커스 에이드
Fruit Hibiscus Ade

탄산수와 함께 즐기는 프루트 히비스커스 에이드는 붉은 색소인 안토시아닌계의 색소로 눈의 피로를 풀어 준다.

 Recipe

• **재료**
  · 히비스커스 시럽 40~50mL   · 탄산수 300mL   · 얼음

• **미리 준비하기**
1) 히비스커스 시럽 준비하기

• **만드는 과정**
01 유리잔에 얼음을 넣고, 히비스커스 시럽을 40~50mL 정도 넣는다
02 ①의 유리잔 위로 탄산수 300mL를 부으면 프루트 히비스커스 에이드 완성!
03 가니쉬는 딸기, 오렌지, 로즈메리, 타임 등 추천

레인보우 티
Rainbow Tea

 Recipe

• 재료
· 히비스커스 시럽 30mL　　· 오렌지주스 100~150mL　　· 탄산수 170mL
· 블루 큐라소 시럽 5mL　　· 얼음 80g

• 미리 준비하기
1) 히비스커스 시럽 준비하기
2) 비커에 탄산수 170mL 넣고 + 블루 큐라소 시럽 5mL 넣은 후 = 섞어서 원하는 블루 색 만들어 준다

• 만드는 과정
01 유리잔에 히비스커스 시럽 30ml 넣고 + 얼음
　　+ 탄산수 20ml 넣은 후 = 바 스푼으로 섞어 준다
　　(그라데이션 잘되게 도와준다)
02 ①의 잔 위로 오렌지 주스 100~150mL를
　　바 스푼 뒤로 조심히 넣는다 (층이 분리된다)
03 미리 준비한 블루 탄산 170~180mL를
　　오렌지 주스 위로 조심히 바 스푼 뒤로
　　넣어 주면 레인보우 티 완성! (층이 분리된다)

캐모마일 음료

캐모마일은 서양에서 전통적으로 정신의 긴장을 완화하여 근심, 불안, 불면증을 해소하고 생리통, 위통 등의 진통 작용으로 인해 각종 테라피를 위하여 처방하였던 허브이다. 캐모마일은 단품으로 뜨겁게 우려내 마시는 경우도 있지만, 다른 허브들과 블렌딩을 통해 효능을 보강해 차게 마시는 경우도 많다. 캐모마일에 각종 허브를 블렌딩한 제품인 '피스풀 마인드(Peaceful Mind)'(아만프리미엄티 제공)를 기본 베이스 티로 쉽게 즐길 수 있는 베리에이션 음료를 소개한다.

캐모마일 (Chamomile)

캐모마일은 뛰어난 진정 작용이 있어 허브티로 마시면 잠을 편안하게 자는 데 도움이 된다. 염증을 가라앉히는 소염 작용도 뛰어나 기관지 염증에도 좋다.

이것은 100% 캐모마일 꽃(Chamomile flowers)으로 구성된 캐모마일 제품이다 (아만프리미엄티 제공).

피스풀 마인드 (Peaceful Mind)

피스풀 마인드는 캐모마일에 민트, 라벤더가 블렌딩되어 편안한 수면을 유도하는 허브티이다. 또한 몽골의 칭기즈칸이 자양강장제로 즐긴 씨벅턴(Sea Buckthorn) (갈매보리수나무 열매)과 고단백 식품으로서 신이 내린 곡물이라는 아마란스 (Amaranth)가 들어 있어 건강 효능도 볼 수 있다.

- 재료
  · 캐모마일 꽃 Chamomile flowers
  · 라벤더 Lavender
  · 레몬 밤 Lemon balm
  · 페퍼민트 Peppermint
  · 씨벅턴 Sea Buckthorn
  · 아마란스 Amaranth

베드타임 캐모마일
Bedtime Chamomile

베드타임 캐모마일은 불면증을 위한 홍차언니 DIY 셀프 캐모마일 블렌딩 티이다. 캐모마일과 발레리안 루트(Valerian Root)의 뛰어난 진정 작용으로 초조, 긴장, 불안을 완화하는 티를 직접 블렌딩해 즐겨 보자.

 Recipe

- **재료**
  · 캐모마일 1.2g   · 루이보스 0.8g   · 스피어민트 0.6g
  · 발레리안 루트 0.4g   · 시럽 또는 설탕(선택 사항)

- **미리 준비하기**
  1) 캐모마일 1.2g + 루이보스 0.8g + 스피어민트 0.6g + 발레리안 루트 0.4g =총 3g
  2) 예열된 티팟에 ①을 넣고 + 95도의 물을 넣어 = 3분간 우린다
  3) 찻잔 예열하기

- **만드는 과정**
  01 예열한 찻잔에 우려진 티를 8~9부 정도 채우면 베드타임 캐모마일 완성!
  02 시럽이나 설탕을 첨가해도 좋다 (선택 사항)
  # 발레리안 루트 대신 레몬밤도 대체 가능하다

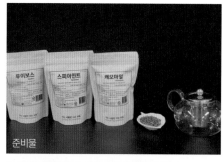
준비물

찻잎 블렌딩하기.

티팟에 찻잎 우리기.

우린 티를 찻잔의 8~9부 채우기.

겨울철의 건강차로 훌륭한 베드타임 캐모마일.

유자 캐모마일
Yuzu Chamomile

캐모마일은 소염 작용도 있어 피부 트러블을 완화해 10대들의 여드름 치료에도 도움이
된다. 캐모마일에 청량한 과일 향의 유자를 블렌딩해 마시면 풍미가 더욱더 훌륭하다.

🍸 Recipe

• **재료**
·피스풀 마인드 5g(또는 티백 2개)   ·유자청 30g   ·얼음 80g   ·정수 250mL

• **미리 준비하기**
1) 피스풀 마인드 5g(또는 티백 2개) + 정수 250mL = 냉침한다

• **만드는 과정**
01 유리잔에 얼음 80g을 넣은 뒤 + 유자청(또는 유자 농축액) 30mL를 넣는다
02 ①의 유리잔 위로 냉침한 캐모마일 티 250mL를 넣어 주면 유자 캐모마일 아이스티 완성!
03 가니쉬로 건조 유자나 오렌지 추천(스푼 머들러 추천)

피부 미용에도 좋은 유자 캐모마일.

레몬 진저 캐모마일
Lemon Ginger Chamomile

레몬 진저 캐모마일은 상큼한 레몬과 약간 매운 스파이스 향의 진저가 사과 향의 캐모마일과 만난 절묘한 조합이다. 소염 작용으로 기관지 염증의 개선에도 도움이 된다.

 Recipe

• 재료
· 피스풀 마인드 2.5g(또는 티백 1개)   · 건생강 1.5g   · 레몬청 20~30g

• 미리 준비하기
1) 피스풀 마인드 2.5g + 건생강 1.5g = 총 4g을 준비한다
2) 예열된 티팟에 ①의 4g을 넣은 뒤 + 95도의 물 300mL 붓고 = 3~5분간 우린다
3) 찻잔 예열하기

• 만드는 과정
01 예열한 찻잔에 레몬청 20~30g을 넣고 + 준비된 우린 티를 8~9부 정도로 채우면
     = 레몬 진저 캐모마일 완성!
02 가니쉬로 생레몬을 추천

겨울철 기관지염 개선에 좋은
레몬 진저 캐모마일.

PART 9
백차 베이스
음료의 이해

다양한 백차 블렌드

백차는 초봄에 하얀 백호(白毫)로 뒤덮인 새싹과 일엽만 따서 만드는 티로서 동양에서도 매우 귀하여 가격이 비싸다. 대표적인 것으로는 복건성의 '백호은침(白毫銀針)'과 '백모단(白牧丹)'이 있는데, 은침(銀針, Silver Needle)이 많을수록 가격이 높다. 신선한 새싹만을 따서 가공 공장으로 옮겨 자연 환경에서 시들게 하는 위조 과정만을 거치기 때문에 인위적인 향미보다 자연적인 기후에 영향을 받은 향미가 가장 풍성하다. 향미는 싱그러운 과일 향과 꽃향이 풍기며, 맛은 새싹들인 만큼 매우 싱그럽다. 특히 백차는 열을 내리는 성질이 있어 예로부터 해열제나 무더위를 쫓는 데 많이 음용해 왔다. 이 책에서는 백차를 베이스 티로 하는 베리에이션 음료들을 쉽고 간편하게 만들어 마실 수 있는 방법을 소개한다.

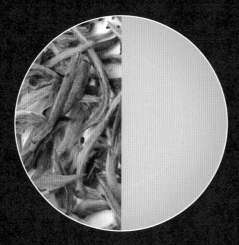

백호은침
(白毫銀針/Silver Needle)

백호(白毫)로 둘러싸인 새싹만 골라서 만들어 매우 섬세한 최고급 백차이다.

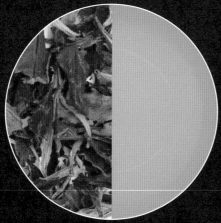

백모단
(白牡丹/White Peony)

은은한 꽃향기와 꿀 향이 느껴지는 중국 복건성의 프리미엄 백차이다.

블렌딩용 백모단
(白牡丹/White Peony)

신선한 풀 향과 단아하고 산뜻한
단맛의 백차이다.

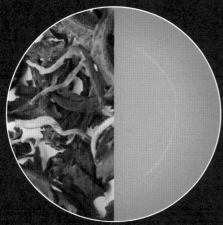

수미 (壽眉/Shoumei)

청량하면서도 농후함을 보이는
중국 복건성의 백차이다.

메이크 미 스마일
(Make Me Smile)

메이크 미 스마일은 은은한 백차를 베이스로
열대 과일, 꽃, 허브가 다양하게 어우러져 마
음을 즐겁게 한다. 우아한 백차에 달콤한 베
리류를 블렌딩한 고급 백차 블렌딩이다(아만
프리미엄티 제공).

· 백차 白茶, White Tea
· 로즈힙 Rose Hip
· 레몬그라스 Lemongrass
· 파인애플 Pineapple
· 크랜베리 Cranberry
· 국화꽃 Chrysanthemum
· 천연 향료 크랜베리, 석류, 바닐라. 귀리

DIY 핑크 캐모마일 릴렉서 1
Pink Chamomile Relaxer

크리스마스를 떠올리는 레드, 초록색이 함께한 스타벅스의 겨울 시그니처 음료.
론칭 9일 만에 100만 잔을 판매한 음료!

Recipe

• 재료
· 블렌딩 티 4g   · 리치 농축액 30g   · 코코넛 젤리 20g   · 레드 커런트 10g
· 얼음 80g   · 정수 300mL

• 미리 준비하기
1) DIY 블렌딩 티(4g) 준비하기
   : 캐모마일 1.4g + 블렌딩용 백모단 0.3g + 히비스커스 0.7g + 페퍼민트 0.4g
   + 로즈힙 1.2g = 총 4g
2) 블렌딩 티 4g을 + 정수 300mL = 냉침한다

• 만드는 과정
01 유리잔에 얼음 80g + 코코넛 젤리 20g을 넣은 후 리치 농축액 20~25g을 넣는다
02 ①에 냉침차 250mL를 넣어 주면 핑크 캐모마일 릴렉서 1 완성!
03 가니쉬로 레드커런트와 로즈메리 잎으로 장식한다(크리스마스 색으로 연출)

DIY 핑크 캐모마일 릴렉서 2
Pink Chamomile Relaxer

 Recipe

- **재료**
  - · 블렌딩 티 2.5g　　　· 리치 농축액 15g　　　· 코코넛 젤리 10g
- **미리 준비하기**
  1) DIY 블렌딩 티 2.5g 준비하기
     : 캐모마일 1.5g + 히비스커스 0.4g + 스피어민트 0.2g + 블렌딩용 백모단 0.4g
     + 에센셜 오일(리치, 트로피컬)을 혼합하기
  2) 예열된 티팟에 셀프 블렌딩 티 2.5g을 + 95도의 물 300mL를 넣고 = 3분 우린다
  3) 찻잔 예열하기

- **만드는 과정**
  01 예열한 찻잔에 코코넛 젤리 10g + 리치 농축액 15g = 넣는다
  02 티팟으로 우린 블렌딩 티 150~200mL를 ①에 넣는다
  03 가니쉬로 레드커런트 4g + 로즈메리로 장식하면 핑크 캐모마일 릴렉서 2 완성!

DIY 핑크 캐모마일 릴렉서 3
Pink Chamomile Relaxer

은은한 베리 향의 백차에 리치와 트로피컬 열대 과일이 느껴지는 캐모마일 음료.

 Recipe

- **재료**
  - · 블렌딩 티 4g
  - · 코코넛 젤리 20g
  - · 리치 농축액 30g
  - · 레드 커런트 10g

- **미리 준비하기**
  1) DIY 블렌딩 티 4g + 정수 300mL = 냉침한다
     /메이크 미 스마일 1.3g + 캐모마일 1g + 히비스커스 0.8g + 스피어민트 0.4g
     + 레몬그라스 0.5g + 찻잎 전용 천연 에센셜 오일(리치, 트로피컬)

- **만드는 과정**
  01 유리잔에 얼음 80g을 넣고 + 코코넛 젤리 20g = 넣어 준다
  02 ①에 리치 농축액을 30g을 넣는다
  03 ②에 냉침 차 250~300mL를 넣어 준다
     (기호에 따라 탄산수를 넣을 경우에는 냉침 시 물의 양을 150mL로 추천한다)
  04 가니쉬로 레드커런트 + 로즈메리로 장식하면 핑크 캐모마일 릴렉서 3 완성

DIY 화이트 티 그라니타
DIY White Tea Granita

🍸 Recipe

- **재료**
  - 백차 셀프 블렌딩 5g　　· 청포도 시럽 30g　　· 피지 라임(라임 탄산음료) 80mL
  - 천연 착향제(레몬, 패션프루트, 꿀향) 0.1g　　· 얼음 170g　　· 정수 200mL

- **미리 준비하기**
  1) 셀프 블렌딩한 백차 5g을 + 물 200mL = 냉침한다
     * 백모단 1g + 히비스커스 시럽 0.5g + 로즈 힙 1g + 로즈페탈 0.3g + 망고 1g + 파인애플 0.6g
     + 천연 착향제(레몬, 패션프루트, 허니 향)
  # 급랭할 경우 : 티팟에 블렌딩한 백차 5g을 넣고 + 95도의 물 300mL
     = 3~5분간 우린 뒤에 얼음을 넣는다

- **만드는 과정**
  - 01 블렌더에 얼음 170g + 냉침 차 70mL + 청포도 시럽 30g + 피지 라임 80mL을 넣고
    = 셔벗 농도로 만들어 준다
  - 02 유리잔에 냉침 차 80~100mL를 넣어 준다
  - 03 ②의 유리잔에 블렌더로 만든 셔벗을 따라 주면 DIY 화이트 티 그라니타 완성!
  - 04 가니쉬는 딜, 바질, 세이지 추천
  - ※ 그라니타(granita)는 라임, 레몬, 그레이프프루트 등의 과일에 설탕과 와인 또는 샴페인을
    넣은 혼합물을 얼린 이탈리아식 얼음 음료를 말한다

화이트 티 그라니타
White Tea Granita

상큼한 열대 과일의 플레이버를 지닌 백차 블렌드인 '메이크 미 스마일'을 사용해
신선한 과일 주스 셔벗인 '화이트 티 그라니타' 만드는 방법을 소개한다.

🍸Recipe

• 재료
· 메이크 미 스마일 2.5g(또는 티백 1개)   · 스위트 드림 2.5g(또는 티백 1개)
· 스파클링 청포도(샴페인 대용 가능) 80mL   · 청포도 시럽 30mL   · 얼음 200g

• 미리 준비하기
1) 메이크 미 스마일 2.5g(또는 티백 1개) + 스위트 드림 2.5g(또는 티백 1개)을
    = 정수 150mL가 든 용기에 넣고 냉침한다
    # 급랭할 경우에는 티팟에 찻잎 5g을 넣고 + 95도의 물 140mL를 부어
    = 3~5분간 우린 뒤에 얼음을 넣는다

• 만드는 과정
01 블렌더에 얼음 200g + 냉침 차 70mL + 청포도 시럽 30mL + 스파클링 청포도 80mL를 넣고
    = 셔벗 농도로 혼합한다
02 유리잔에 남아 있던 냉침 차 80~100mL를 넣어 준다
03 ②의 유리잔에 ①의 셔벗을 따라 주면 화이트 티 그라니타 완성!
04 가니쉬는 세이지, 루모라고사리 추천

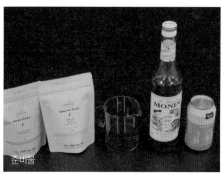

준비물

01

02

03

PART 10
홍차 베이스
음료의 이해

세계 3대 홍차, '다르질링'

홍차 생산량이 세계 1위인 인도에서는 다르질링(Darjeeling), 아삼(Assam), 닐기리 (Nilgiri) 등 유명 홍차의 산지들이 많다. 그중에서도 '세계 3대 홍차'에 속하는 다르질링 홍차는 '티의 샴페인(The Champagnes of Tea)'이라고 불리면서 세계인으로부터 깊은 사랑을 받고 있다. 히말라야산의 중턱에 위치한 다르질링 지역의 가혹한 기후로 인하여 향미가 다른 산지에서는 결코 경험할 수 없을 정도로 매우 훌륭하다. 이 책에서는 홍차를 베이스 티로 한 다양한 베리에이션 음료들을 소개한다.

다르질링 (Darjeeling)

기문, 우바와 함께 '세계 3대 홍차'로 불리는 최고급 등급의 SFTGFOP-1 인도 홍차 (아만프리미엄티 제공).

상그리아 다르질링 티

Sangria Darjeeling Tea

🍸 Recipe

• 재료
· 다르질링 홍차(잎차) 5g(또는 티백 2개) · 과일 : 용과, 키위, 복숭아, 배, 샤인머스캣
· 스파클링 청포도 음료(미닛 메이드)

• 미리 준비하기
1) 다르질링 홍차(잎차) 5g(또는 티백 2개)을 + 정수 200~250mL = 냉침한다
2) 미니 스쿱으로 용과, 키위, 복숭아, 배, 샤인머스캣 등을 떠서 냉동시킨다
   (과일 색이 서로 물들지 않게 한다)

• 만드는 과정
01 유리잔에 얼려 둔 과일 큐브를 골고루 넣어 준다
02 ①에 냉침 차 100mL + 스파클링 청포도 음료 110~120mL를 넣어 주면
    = 상그리아 다르질링 티 완성
* 상그리아(Sangria) : 스페인 가정에서 여름철에 만들어 마시던 전통적인 음료이다
   화이트 와인에 오렌지, 사과, 레몬 등의 과일이 들어가는 칵테일 와인이다

재스민 다르질링 티
Jasmine Darjeeling Tea

향미가 좋기로 세계적으로 유명한 다르질링 홍차는 청아한 재스민 꽃 향과 매우 잘 어울린다. 인도 다르질링 다원에서 첫 번째 수확한 찻잎인 DJ-1(Darjeeling First) 홍차를 베이스로 고품격의 베리에이션 홍차 음료를 선보인다.

 Recipe

• 재료
· 다르질링 퍼스트 플러시 5g(또는 티백 2개)   · 재스민 녹차 : 벽담표설(碧潭飄雪) 2g
· 계화(Osmanthus) 시럽 10mL   · 얼음 50g   · 정수 200~250mL

• 미리 준비하기
1) 다르질링 홍차(잎차) 5g(또는 티백 2개) + 정수 200~250mL = 냉침한다
2) 벽담표설 2g + 정수 150mL = 냉침한다

• 만드는 과정
01 유리잔에 얼음 50g + 계화 시럽 10mL = 넣어준다
02 ①에 다르질링 냉침 차 150mL + 벽담표설 냉침 차 80mL = 넣어 준 후 섞어주면 재스민 다르질링 티 완성!
03 가니쉬는 오렌지 필 추천

준비물

01

02

03

머스캣 다르질링 소다 티
Muscat Darjeeling Soda Tea

샤인머스캣 포도와 홍차의 샴페인이라는 다르질링 홍차가 절묘한 페어링을 이루는 베리에이션 음료이다. 싱그러운 머스캣 향을 즐기면서 세계 최고 홍차를 즐겨 보자!

 Recipe

• 재료
· 다르질링 퍼스트 플러시 5g(또는 티백 2개)
· 그린애플 시럽 15mL
· 스파클링 청포도주스(미닛메이드) 100~120mL
· 샤인머스캣 포도 3~4알
· 오이 슬라이스 1장
· 얼음 30g

• 미리 준비하기
1) 다르질링 홍차(잎차) 5g(또는 티백 2개)
    + 정수 200mL = 냉침한다
2) 샤인머스캣을 오이 슬라이스에 겹쳐서 모양을 내준다
3) 샴페인 잔을 준비한다

• 만드는 과정
01 샴페인 잔에 얼음 30g + 그린애플 시럽 15mL를
    = 넣어 준다
02 ①에 냉침 차 80~100mL
    + 스파클링 청포도 음료 100~120mL = 넣어 준다
03 ②에 미리 준비한 2)슬라이스 오이+샤인 머스캣 넣어 주면
    = 머스캣 다르질링 소다 티 완성!

멜론 다르질링 크림 소다
Melon Darjeeling Cream Soda

바닐라 아이스크림이 다르질링 홍차의 떫은맛을 감싸 독특한 풍미를
선사하는 베리에이션 음료를 즐겨 보자!

🍹 Recipe

• 재료
· 다르질링 퍼스트 플러시 5g(또는 티백 2개)　· 바닐라 아이스크림
· 모구모구 멜론주스 70~80mL　　　　　· 얼음 50g
· 사이다 100mL　　　　　　　　　　· 정수 200mL

• 미리 준비하기
1) 다르질링 홍차 5g(또는 티백 2개) + 정수 200mL = 냉침한다

• 만드는 과정
01 유리잔에 얼음 50g + 모구모구 멜론주스 70~80mL + 냉침 차 90~100mL를 = 넣어 준다
　　(단 음료에 단맛을 추가할 때는 멜론 시럽이나 그린 애플 시럽을 넣어도 좋다)
02 바 스푼 뒤로 조심스레 사이다 100mL를 넣은 뒤 + 바닐라 아이스크림 1스쿱을 올려 주면
　　= 멜론 다르질링 크림 소다 완성!
03 가니쉬는 허브나 과자 응용

다양한 홍차 블렌드

서양에서 주로 마시는 홍차는 오래전부터 시즌의 작황에 상관없이 맛과 향을 균일하게 만들기 위하여 다른 산지의 찻잎을 섞는 블렌딩 작업을 진행하였다. 이 블렌딩 기술은 더 발전하여 허브나 티잰들을 혼합해 그 맛과 향을 풍요롭게 하거나, 소비처의 연수, 경수에 따라서도 훌륭한 맛을 낼 수 있도록 하거나, 우유와 섞어 마실 때 맛과 색이 훌륭하게 만드는 등 다양하게 발달해 왔다. 블렌딩 홍차로는 홍차에 베르가모트 열매나 향미를 더한 최초의 플레이버드 티(Flavored Tea)인 '얼 그레이(Earl Grey)', 스코틀랜드의 '스코티시 브렉퍼스트(Scottish Breakfast)', 아일랜드의 '아이리시 브렉퍼스트(Irish Breakfast)', 잉글랜드의 '잉글리시 브렉퍼스트(English Brakfast)'와 같이 각 지역의 수질과 밀크 티로 마실 경우에 그곳 사람들의 입맛에 맞게 블렌딩되어 있는 것들도 있다.

잉글리시 브렉퍼스트 (English Breakfast)

잉글리시 브렉퍼스트는 오늘날 다양한 찻잎으로 블렌딩되고 있다. 이 책에서는 스리랑카 티협회(Sri Lanka Tea Board)에서 최고 다원으로 선정한 '뉴 비사나칸데(New Vithanakande)'의 섬세한 찻잎과 골든 팁(Golden Tip)이 풍성한 '잉글리시 브렉퍼스트'(아만프리미엄티 제공)를 사용해 티 베리에이션 음료를 만드는 방법들을 소개한다.

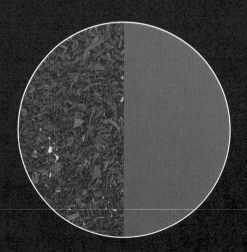

● 재료
· 스리랑카산 홍차 Black Tea

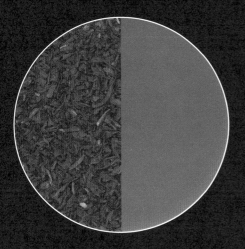

얼 그레이 (Earl Grey)

세계 최초의 플레이버드 티인 얼 그레이. 이 책에서는 스리랑카 티협회에서 최고의 다원으로 선정한 뉴 비사나칸데 다원에서 생산한 호박고구마와도 같은 구수한 향미의 홍차에 베르가모트 향이 만난 얼 그레이(아만프리미엄티 제공)를 사용한다.

- **재료**
  - 스리랑카산 홍차 Black tea
  - 천연 베르가모트 향 Natural Bergamot Flavoring

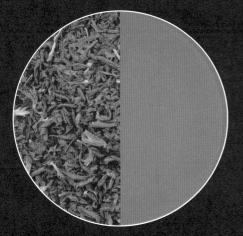

블루 앤 그레이 (Blue & Grey)

얼 그레이 계통의 홍차로서 블루 콘플라워가 들어간 것이 큰 특징이다(아만프리미엄티 제공).

- **재료**
  - 홍차 Black Tea
  - 콘플라워 Cornflower
  - 천연 베르가모트 향 Bergamot Flavoring

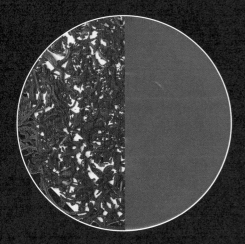

프렌치 그레이 (French Grey)

얼 그레이 계통의 홍차로서 시원한 베르가모트 향과 부드러운 바닐라 향이 만난 고급 홍차 블렌드이다(아만프리미엄티 제공).

- **재료**
  - 홍차 Black tea
  - 천연 베르가모트 향 Natural Bergamot Flavoring
  - 바닐라 향 Vanilla Flavoring

자몽 허니 블랙 티
Grapefruit Honey Black Tea

 Recipe

- **재료**
  - 잉글리시 브렉퍼스트 2.5g(또는 티백 1개)　　・자몽청(또는 시럽) 20~30mL

- **미리 준비하기**
  1) 예열된 티팟에 잉글리시 브렉퍼스트 2.5g(또는 티백)을 넣은 뒤 95도의 물 200mL
     = 3분간 우린다(다 우려지면 찻잎이나 티백은 찻물에 꼭 분리시킨다)
  2) 찻잔 예열하기

- **만드는 과정**
  01 예열한 찻잔에 자몽청(또는 자몽 시럽) 20~30mL를 넣는다
  02 ①의 찻잔에 우린 홍차 170~200mL를 넣어 주면 자몽 허니 블랙 티(핫 티) 완성!
  03 가니쉬는 건조 자몽이나 오렌지 추천!

자몽 허니 블랙 에이드
Grapefruit Honey Black Ade

🍸 Recipe

• 재료
· 잉글리시 브렉퍼스트 5g(또는 티백 2개)   · 자몽청(또는 자몽 시럽) 15~20mL
· 탄산음료(자몽 맛) 150~200mL   · 얼음 100g   · 물 200mL

• 미리 준비하기
1) 홍차 찻잎 : 잉글리시 브렉퍼스트 5g(또는 티백 2개) + 정수 200mL = 냉침한다
   (냉장실에서 10~15시간 냉침).
   # 급랭할 경우 : 찻잎 5g(또는 티백 2개) + 95도의 물 180mL = 3분간 우린 뒤에 얼음을 넣는다

• 만드는 과정
01 유리잔에 얼음 100g을 넣고 + 자몽청(또는 시럽)을 15~20mL 넣는다
02 ①에 냉침 홍차 150mL + 자몽 탄산음료 150~200mL를 넣으면 자몽 허니 블랙 에이드 완성!
03 가니쉬는 생과일 자몽 슬라이스나 건조 자몽 추천

실론 홍시 에이드
Ceylon Ripe Persimmon Ade

스리랑카 홍차 파우더로 홍차 젤리를 만들어 홍시 요거트 위에 얹은 디저트 음료.

 Recipe

● 재료
·홍시 1개   ·요거트 파우더 30g   ·홍차 젤리   ·우유 40mL
·바닐라 시럽 10mL   ·연유 10mL   ·얼음 40g

● 미리 준비하기
1) 블렌더에 얼음 40g + 껍질 벗기고 씨 제거한 홍시 1개 + 바닐라 시럽 10mL
    = 얼음이 안 보일 정도로 슬러시를 만든다.
2) 블렌더에 얼음 40g + 요거트 파우더 30g + 우유 40mL + 연유 10mL = 갈아 준다
3) 홍차 젤리 만들기(56페이지 참조)

● 만드는 과정
01 유리잔에 홍시 슬러시 30g을 넣는다
02 ①의 유리잔 위로 요거트를 올려 준다(잔의 7부)
03 마지막으로 홍차 젤리를 올려 주면 실론 홍시 에이드 완성!

홍차 시럽 만들기

Black Tea Syrup

홍차를 시럽으로 만들어 놓으면 시간을 줄일 수 있다.

예를 들면 밀크 티를 짧은 시간에 간단히 만들어 마실 수 있는 것이다.

여기서는 홍차 시럽을 만들어 '홈 카페'를 즐길 수 있는 꿀 팁 레시피를 소개한다.

Recipe

• 재료

· 얼 그레이(모든 홍차 가능) 30g

· 설탕 100g

• 미리 준비하기

1) 냄비(밑바닥이 얇지 않은 것)

2) 거름망(촘촘한 거름망 추천)

3) 유리병(시럽 용기)

• 만드는 과정

01 냄비에 물 300mL를 넣고 끓인다

02 불은 끈 뒤 ①에 홍차 30g을 넣은 뒤
  + 뚜껑을 닫고 = 10분간 우린다

03 거름망을 사용하여 ②의 찻잎을 걸러 낸다
  (170mL 정도 나옴)

04 새로운 냄비에 ③과 + 설탕 100g을 넣은 뒤 약한 불로
  10~15분간 우린다(설탕을 휘저으면 설탕의 결정이
  생기므로 휘젓지 않도록 주의!)

05 식힌 뒤 유리병에 넣고 냉장실에서 10~15시간 보관 후
  사용한다(시럽의 농도가 꾸덕해진다)

홍차 핫 티, 아이스 티, 밀크 티 등
다양하게 응용할 수 있는 홍차 시럽.

얼 그레이 홍차
Earl Grey Black Tea

시트러스 계열의 향미가 독특한 '얼 그레이(Earl Grey)'의 시럽으로 물만 부으면
얼 그레이 홍차를 즐길 수 있는 간단한 방법을 소개한다.

🍸 Recipe

• **재료**
· 홍차(얼 그레이) 시럽 15~20mL   · 얼 그레이 티(모든 찻잎 사용 가능)   · 95도의 뜨거운 물

• **미리 준비하기**
1) 홍차 시럽 만들기
2) 찻잔 예열하기

• **만드는 과정**
01 예열한 찻잔에 홍차 시럽을 15~20mL 정도 넣는다
02 ①의 찻잔에 95도의 물 170~200mL를 부으면 얼 그레이 홍차 완성!
03 가니쉬는 건조 레몬, 라임, 오렌지 추천

얼 그레이 홍차 에이드
Earl Grey Black Tea Ade

얼 그레이 홍차 에이드는 나른한 오후에 활력을 불어넣어 주는 시원한 홍차이다.
홍차 시럽으로 아이스티를 즉석에서 만들어 기분을 즐겁게 전환해 보자.

🍸 Recipe

• 재료
· 홍차(얼 그레이) 시럽 20~30mL   · 탄산수 170~200mL   · 얼음 70g

• 미리 준비하기
1) 홍차 시럽 만들기

• 만드는 과정
01 유리잔에 얼음 70g을 넣고 + 홍차 시럽 20~30mL를 넣어 준다
02 ①에 탄산수 170~200mL를 넣으면 탄산 가득한 홍차 에이드 완성!
03 가니쉬는 생레몬, 라임, 타임, 로즈메리 등 추천

얼 그레이 핫 밀크 티
Earl Grey Hot Milk Tea

밀크 티는 얼 그레이, 브렉퍼스트 티, 아삼 티를 기본으로 오늘날 많은 사람들에게 인기를 얻고 있다. 여기서는 홍차 시럽에 우유만 부으면 밀크 티를 즐길 수 있는 방법을 소개한다.

🍹 Recipe

• **재료**
· 홍차(얼 그레이) 시럽 30mL   · 스팀 우유(따뜻한 우유) 170~200mL

• **미리 준비하기**
1) 홍차 시럽 만들기   2) 찻잔 예열하기

• **만드는 과정**
01 예열한 찻잔에 홍차 시럽 30mL를 넣는다
02 ①에 따뜻한 우유(또는 스팀 우유) 170~200mL를 넣어 준다
03 밀크 폼을 올려 주면 핫 밀크 티 완성!
04 가니쉬는 아라잔(Alazan)을 추천
※ 아라잔(Alazan) : 전분에 설탕을 섞어 식용 가루를 입힌 것

홍차 시럽 베이스 / 밀크 티 ☑Iced ☐Hot

얼 그레이 아이스 밀크 티
Earl Grey Iced Milk Tea

홍차 시럽을 이용하면 핫 티뿐만 아니라 시원한 아이스 밀크 티도 손쉽게 만들 수 있다.
홍차 시럽에 차가운 우유만 부으면 아이스 밀크 티 완성이다!

🍸 Recipe

• 재료
· 홍차(얼 그레이) 시럽 30~40mL　　· 차가운 우유 150~200mL　　· 얼음 50g

• 미리 준비하기
1) 홍차 시럽 만들기

• 만드는 과정
01 유리잔에 얼음 50g을 넣고 + 차가운 우유 150~200mL를 넣는다
02 ①에 홍차 시럽 30~40mL를 넣으면 얼 그레이 아이스 밀크 티 완성!
03 토핑으로 휘핑크림을 올려 주어도 좋다(선택 사항)

THE MOMENT
LIVING OUR LIFE

NOTHING IS BETTER
THAN THE WIND TO
YOUR BACK, THE SUN
IN FRONT OF YOU
AND YOUR FRIENDS
BESIDE YOU

얼 그레이 콤부차
Earl Grey Kombucha

홍차 시럽은 살아 있는 발효 건강 음료인 콤부차에도 활용할 수 있다.
웰니스의 대표적인 음료인 콤부차와 얼 그레이 홍차의 절묘한 만남이다.

🍸 Recipe

• 재료
· 홍차(얼 그레이) 시럽 25~30mL
· 콤부차 배양액 30~40mL
· 탄산수 100mL
· 얼음 50~60g

• 미리 준비하기
1) 홍차 시럽 만들기

• 만드는 과정
01 유리잔에 얼음 50~60g을 넣고
　　+ 홍차 시럽 25~30mL를 넣는다
02 ①에 탄산수 100mL
　　+ 콤부차 배양액 30~40mL를 넣으면
　　= 아이스 얼 그레이 콤부차 완성!
03 가니쉬는 생레몬, 라임, 민트 등의 허브 추천

마살라 차이 (Masala Chai)

마살라 차이는 인도 홍차와 다양한 향신료의 조화로 몸과 마음을 따뜻하게 데워 주는 음료이다. 이 마살라 차이는 홍차와 향신료의 조성에서 균형이 가장 중요하다. 여기서는 인도 아삼 CTC 홍차, 시나몬, 생강, 카르다몸(씨앗, 열매), 바닐라 등의 향신료가 절묘하게 조성된 제품인 '윈터 스토리(A Winter Story)'로 다양한 차이 음료를 만들어 보자.

윈터 스토리 (A Winter Story)

인도 아삼 CTC 홍차와 다양한 향신료가 블렌딩된 윈터 스토리.(아만프리미엄티) 달콤한 수정과 맛이 일품이다.

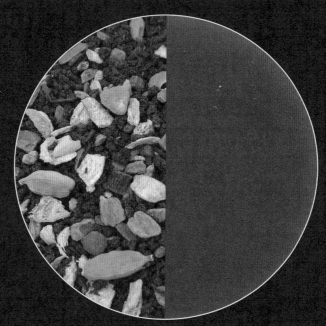

● 재료
- 아삼 CTC 홍차 Assam CTC Black Tea
- 시나몬 Cinamon Pieces
- 진저 Ginger Pieces
- 카르다몸 씨 Cardamom Seeds
- 카르다몸 열매 Cardamom Pods
- 바닐라 Vanilla Pieces
- 천연 향(시나몬, 바닐라) Flavorings

차이 (Chai) 시럽 만들기
Chai Syrup

홍차와 향신료가 블렌딩된 마살라 차이. 이 마살라 차이를 시럽으로 만들어 놓으면 핫 티, 밀크티, 아이스티 등 다양한 음료들을 홈 카페로 즐길 수 있다.

 Recipe

• 재료
· 윈터 스토리 30g
· 물 300mL
· 설탕 100g

• 미리 준비하기
1) 냄비(밑바닥이 얇지 않은 것) 2개
2) 거름망(촘촘한 거름망 추천)
3) 유리병(시럽 용기)

• 만드는 과정
01 냄비에 물 300mL를 넣고 끓인다
02 불을 끈 뒤 ①에 차이 티 30g을 넣은 뒤 + 뚜껑을 닫고 = 10분간 우린다
03 거름망을 사용하여 ②의 찻잎을 걸러 낸다(250mL 분량)
04 새로운 냄비에 ②의 찻물과 + 설탕 100g을 넣은 뒤 = 약한 불로 10~15분간 졸인다(190mL 분량) 단 설탕을 휘저으면 설탕의 결정이 생기므로 휘젓지 않도록 주의한다
05 잠시 식힌 뒤 유리병에 넣고 냉장고에 10~15시간 보관 후 사용한다(시럽의 농도는 끈적거릴 정도이다)

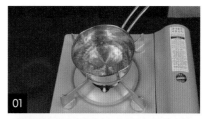

01

02

03

04

준비물

05

차이 라테, 차이 티 등을 홈 카페로 쉽게
즐길 수 있는 차이 시럽.

차이 라테
Chai Latte

차이 시럽으로 홈 카페로 즐기기 위한 차이 꿀 팁 레시피를 소개한다. 홍차와 향신료의 부드러운 만남을 즐겨 보길 바란다. 티 시럽 시리즈 중 단연 최고의 맛을 선사한다.

 ## Recipe

• **재료**
· 윈터 스토리 차이 시럽 20~30mL　　· 스팀 우유(따뜻한 우유) 170~200mL

• **미리 준비하기**
1) 차이 시럽 만들기　　2) 찻잔 예열하기

• **만드는 과정**
01 예열된 찻잔에 차이 시럽 20~30mL을 넣는다
02 ①에 따뜻한 우유나 + 스팀 친 우유 170~200mL를 부으면 = 핫 차이 라테 완성!
03 가니쉬는 시나몬 파우더나 스타아니스(팔각) 또는 시나몬 스틱의 응용 추천

아이스 차이 라테
Iced Chai Latte

🍸 Recipe

• **재료**
· 차이 시럽 30~40mL　　· 차가운 우유 150~200mL　　· 휘핑크림　　· 얼음 50g

• **미리 준비하기**
1) 차이 시럽 만들기

• **만드는 과정**
01 유리잔에 얼음 50g + 차이 시럽 30~40mL를 넣는다
02 ①에 차가운 우유 150~200mL를 넣은 뒤 + 휘핑크림을 얹으면 = 아이스 차이 라테 완성!
03 가니쉬는 시나몬 스틱이나 캐러멜 시럽 추천

PART 11
밀크 티의 이해

세계인들이 사랑하는 밀크 티(18가지)

밀크 티는 오늘날 전 세계인들의 입맛을 사로잡으면서 세계 각지에서 매우 다양하게 소비되고 있다. 먼저 영국(UK)에서는 잉글랜드, 웨일스, 스코틀랜드 할 것 없이 강한 풍미의 브렉퍼스트 티에 우유를 넣어 마시는 밀크 티의 전통 문화가 있으며, 인도에서는 향신료와 강렬한 풍미의 홍차에 우유를 넣어 마살라 차이로 만들어 마신다. 동양에서는 대만의 전주나이차(珍珠奶茶, Pearl Milk Tea)와 같은 타피오카 펄 티, 밀크 티에 커피를 섞은 홍콩식 밀크 티인 둥위안양(凍鴛鴦)이 큰 인기를 끌고 있다. 그와 함께 한국, 일본에서도 독특한 방식의 밀크 티가 젊은 층에서는 이제 일상 음료가 되었다. 이같이 강하고 진한 풍미의 홍차를 베이스로 한 다양한 밀크 티들은 오늘날 동서양을 불문하고 세계인들의 입맛을 사로잡아 큰 사랑을 받고 있다.

각종 허브, 향신료와도
잘 어울리는 밀크 티.

• 재료
· 인도 아삼 홍차 Indian Assam Black Tea

로열 밀크 티
Royal Milk Tea

향미가 구수하고 몰트 향이 강한 인도 아삼 CTC(아만프리미엄티 제공)를 베이스로
'일본식 로열 밀크 티'를 홈 카페로 즐길 수 있는 꿀 팁 레시피를 소개한다.

🍸 Recipe

• 재료
· 아삼 CTC 홍차 10g   · 우유 150~200mL   · 설탕 15g

• 미리 준비하기
1) 냄비 2개   2) 비커   3) 찻잎 거름망   4) 찻잔 예열하기

• 만드는 과정
01 냄비에 물 100mL를 끓인다
02 불을 끈 뒤 ①에 아삼 CTC 10g을 넣은 뒤 + 뚜껑을 닫고 = 3분간 우린다
03 찻잎 거름망을 사용하여 ②의 찻잎을 걸러 낸다
04 새 냄비에 ③의 찻물과 + 설탕 15g + 우유 150mL를 넣고 = 중불과 약불 사이로 끓이다가
   냄비 가장자리가 끓으면 불을 끈다
05 찻잎 거름망을 사용해 예열된 찻잔에 8~9부 넣어 주면 로열 밀크 티 완성!

콜드 브루 밀크 티
Cold Brew Milk Tea

우유에 홍차 찻잎을 직접 넣어 냉침하는 밀크 티를 소개한다.

 Recipe

• 재료
· 홍차(잉글리시 브렉퍼스트) 10g 또는 얼 그레이(6g) + 잉글리시 브렉퍼스트(4g)을 섞어 사용해도 좋다
· 우유 200mL　　· 설탕 20~25g　　· 얼음

• 미리 준비하기
1) 냉침용 유리병(입구가 넓은 것 추천)　　2) 거름망(촘촘한 것 추천)

• 만드는 과정
01 유리 용기에 95도의 물 70mL + 잉글리시 브렉퍼스트 10g을 넣고 = 3분간 우린다
02 ①에 설탕 20~25g을 넣고 흔들어서 잘 녹여 준다
03 ②에 + 우유 200mL를 넣고 = 뚜껑을 닫은 뒤 냉장실에서 10~15시간 냉침한다
04 냉침한 밀크 티를 거름망 사용하여 찻잎을 걸러 낸다
05 준비된 유리잔에 얼음을 넣은 후 ④를 넣어 주면 = 콜드 브루 밀크 티 완성!

DIY 마살라 차이 밀크 티
DIY Masala Chai Milk Tea

 Recipe

• **재료**
· 홍차(아삼 CTC) 6g   · 정향 0.6g   · 블랙 페퍼 0.7g   · 진저 1g   · 시나몬 1g
· 펜넬 0.5g   · 감초 1g   · 카르다몸 0.8g   · 오렌지 필 0.4g   · 우유 150~200mL

• **미리 준비하기**
1) 절구(향신료를 빻는 용도)   2) 거름망(촘촘한 것)   3) 설탕(기호 선택)

• **만드는 과정**
01 냄비에 우유 150~200mL를 넣고 약한 중불로 끓인다
02 ①이 끓기 시작하면 불의 세기를 아주 약하게 줄인다
03 절구에 빻은 향신료들을 순서에 맞게 ②에 모두 넣는다
    (정향 + 블랙페퍼 + 진저 + 시나몬 + 펜넬 + 감초 + 카르다몸 순서로 넣는다)
04 ③에 홍차(아삼 CTC) 6g을 넣고 + 단맛을 원하면 설탕 6~10g을 넣어도 좋다
    = 냄비 안쪽에 거품이 생기기 시작하면 불을 끈다
05 새 냄비에 거름망을 사용하여 ④의 찻잎을 걸러 낸다
06 예열한 찻잔에 차이(Chai) 티를 약간 높은 위치에서 내리부으면 마살라 차이 밀크 티 완성!
07 가니쉬는 스타아니스(팔각) 1개를 띄워 준다

버블 밀크 티
Bubble Milk Tea

흑설탕이 들어간 대만의 밀크 티 음료인 버블 밀크 티.

 Recipe

- **재료**
  - · 타피오카 펄 300g　　· 흑설탕 500g　　　　· 정수 100mL　· 차가운 우유 230~250mL
  - · 티에쏘 2g(선택 사항)· 말차 3~4g(선택 사항)　· 얼음

- **미리 준비하기(흑당 버블 만들기)**
  1) 흑당 타피오카 펄 만들기.(55p 참조)

- **만드는 과정**
  01 유리잔에 흑당 버블 80~100g을 담고 컵 안쪽에 흑당으로 문지른다
  　　(완성되었을 때 흑당이 자연스럽게 흘러내리는 비주얼이 연출된다)
  02 ①의 유리잔에 얼음 + 차가운 우유 230~250mL를 넣으면 흑당 버블 밀크 티 완성!

※ 응용 버전 소개
· 비커에 티에쏘 2g + 95도의 물 10mL = 섞은 뒤 ②의 잔에 넣어 주면 블랙 티 버블 밀크 티 완성!
· 비커에 말차 3~4g + 80도의 물 10mL = 섞은 뒤 ②의 잔에 넣어 주면 말차 버블 밀크 티 완성!

대만식 밀크 티 ❶ – 전주나이차

진주내차 (珍珠奶茶, Pearl Milk Tea)

대만에는 다양한 종류의 밀크 티가 소비되고 있다. 에스프레소처럼 진한 맛을 시원하게 즐길 수 있는 대만식 밀크 티인 '전주나이차'를 소개한다.

🍸 Recipe

• 재료
· 홍차(잉글리시 브렉퍼스트) 7.5g(또는 티백 3개)
· 홍차 우린 찻물 150mL(찻잎 7.5g + 95의 물 200mL)
· 크리머(Creamer, 프림) 4스푼   · 설탕 시럽 30~40mL   · 타피오카 펄   · 얼음 150g

• 미리 준비하기
1) 홍차 7.5g을 + 95도의 물 200mL에 = 3분간 우린다
2) 비커에 프림 4스푼 + 우린 홍차 찻물 150mL + 설탕 시럽 30~40mL를 넣고 = 잘 섞는다

• 만드는 과정
01 블렌더에 얼음 150g + 비커에 미리 준비한(프림+홍차 찻물+시럽)을 넣고
   = 살짝 갈아 준다(슬러시 느낌으로)
02 유리잔에 윗부분을 남겨 두고 밀크 티를 넣어 준다
03 밀크 티 위에 타피오카 펄을 올려 주면 대만식 전주나이차 완성!
04 굵은 스트로를 꽂아서 낸다

전주나이차(크리머 사용)   전주센나이차(우유 사용)

대만식 밀크 티 ❷ – 전주센나이차
진주선내차 (珍珠鮮奶茶, Pearl Fresh Milk Tea)

🍸 Recipe

• 재료
· 잉글리시 브렉퍼스트 5g(또는 티백 3개)　· 차가운 우유 150mL
· 시럽 30~40mL　· 타피오카 펄 50g　· 얼음 150g

• 미리 준비하기
1) 홍차 찻잎 5g을 + 95도의 물 170mL에 = 3분간 우린다.
2) 비커에 차가운 우유 150mL + 우려진 홍차 찻물 130mL + 설탕 시럽 30~40mL를 넣고
　 = 잘 섞는다

• 만드는 과정
01 블렌더에 얼음 150g + 비커에 미리 준비한(우유+홍차 찻물+시럽)을 넣고
　 = 살짝 갈아 준다(슬러시 느낌으로)
02 유리잔 윗부분을 남기고 ①의 밀크 티 넣어 준다
03 밀크 티 위에 타피오카 펄을 올려 주면 대만식 전주센나이차 완성!
04 굵은 스트로를 꽂아서 낸다

홍콩식 밀크 티, '둥위안양'

둥원앙(凍鴛鴦)

홍콩에는 밀크 티에 커피를 넣어 마시는 '둥위안양(東鴛鴦) (동원앙)'이 있다.
독특하게 달콤한 홍콩식 아이스 밀크 티를 즐겨 보자.

Recipe

• 재료
· 잉글리시 브렉퍼스트 5g(또는 티백 2개)   · 인스턴트 커피 2~4g
· 연유 40mL   · 우유 130~150mL   · 얼음

• 미리 준비하기
1) 홍차 5g(또는 티백 2개)을 +95도의 물 150mL에 = 3분간 우린다
2) 비커에 우려진 홍차 찻물 130mL + 인스턴트 커피 2~4g을 넣고 = 잘 섞어 준다

• 만드는 과정
01 유리잔에 얼음을 넣은 뒤 + 차가운 우유 130~150mL + 연유 40mL = 넣어 준다
02 ①에 + 사전에 준비한 것(우린 홍차+인스턴트 커피의 섞은 것)을 넣어 주면
　　홍콩식 밀크 티 둥위안양 완성!

대왕 달고나 밀크 티
Super Size Dalgona Milk Tea

설탕을 녹인 뒤 베이킹소다를 넣어 즐기던 추억의 과자 달고나. 이 매혹적인 단맛의 달고나로 밀크 티를 만들어 추억을 되살려 보자.

 # Recipe

• **재료**
· 백설탕 500g · 베이킹소다(식소다) 10~15g · 종이 호일(테프론 시트)
· 우유 250mL · 얼음

• **미리 준비하기**
1) 달고나 보관 용기 2) 테이블에 종이 호일을 미리 깔아 둔다

• **만드는 과정**
01 냄비에 물 150~200mL + 설탕 500g을 넣고 = 약불로 끓인다
02 설탕이 황갈색이 되면 불을 끄고(16분 정도 소요), 베이킹소다 10~15g을 나눠 넣고
　　재빨리 휘저어 준다
03 적당히 부풀어 오른 달고나를 종이 호일에 넣어 식혀 준다(약 1시간 전후)
04 유리잔에 얼음 + 우유 200~250mL를 넣어 준 뒤 = 달고나 20~25g을 올려 주면
　　대왕 달고나 밀크 티 완성!
*베이킹소다는 설탕 함량의 3%, 물은 설탕 함량의 30~40% 추천

달고나 홍차 라테
Dalgona Black Tea Latte

맛이 달달한 달고나 밀크 티에 홍차 농축액을 더한 '달고나 홍차 라테'. 홍차 농축 파우더인 '티에쏘'(아만프리미엄티 제공)를 활용해 간단하게 즐길 수 있는 방법을 소개한다.

 Recipe

● 재료
· 티에쏘 3g   · 달고나 20~25g   · 차가운 우유 200~250mL   · 얼음

● 미리 준비하기
1) 달고나 만들기

● 만드는 과정
01 비커에 진한 홍차를 농축한 파우더인 티에쏘 3g + 95도의 물 10mL를 넣고 = 잘 섞어 준다
02 유리잔에 얼음 + 차가운 우유 200~250mL를 넣고 + ①의 홍차를 넣어 준다
03 마지막으로 달고나 20~25g을 토핑해 주면 달고나 홍차 라테 완성!

달고나 블랙 카페 라테
Dalgona Black Cafe Latte

달코나 홍차 라테의 '커피 버전'도 있다. 커피와 홍차 농축액(티에쏘)을 더한 '달고나 블랙 카페 라테'이다. 밀크 티와 커피의 만남인 달고나 블랙 카페 라테를 만나보자.

 Recipe

● 재료
· 티에쏘 2g   · 커피 에스프레소 30mL(1샷)   · 얼음
· 달고나 20~25g   · 차가운 우유 200~250mL

● 미리 준비하기
1) 달고나 만들기

● 만드는 과정
01 비커에 진한 홍차를 농축한 파우더인 티에쏘 2g + 95도의 물 10mL를 넣고 = 잘 섞어 준다
02 커피 에스프레소 1샷(30mL)을 준비한다
03 유리잔에 얼음 + 차가운 우유 200~250mL를 넣고 + ①의 홍차 + ②의 커피 1샷을 넣어 준다
04 마지막으로 달고나 20~25g을 토핑해 주면 달고나 블랙 카페 라테 완성!

홍차 및 밀크 티 홍국 파우더

오늘날에는 바쁜 일상 속에서 홍차도 파우더 형태로 간단하게 물에 타서 마실 수 있다. 이 책에서는 순수 홍차 100%의 파우더 제품인 티에쏘(Tea Esso)와 홍차에 비정제 사탕수수 원당이 더해진 파우더인 블랙 티 에스프레소(Black Tea Espresso) (아만프리미엄티 제공)를 활용하여 쉽고 간편하게 밀크 티를 만들 수 있는 방법을 소개한다.

티에쏘 (Tea Esso)

조청같이 달콤한 홍차를 진하게 우린 뒤, 홍차 찻물을 농축 분말로 탄생한 티에쏘. 단맛 성분인 아미노산이 풍부하여 조청같이 달콤한 홍차 농축 분말로 카페나 일반 가정에서도 거의 모든 홍차 메뉴를 응용해 즐길 수 있다.

• 재료
· 스리랑카 홍차 100%

블랙 티 에스프레소 (Black Tea Espresso)

조청같이 달콤한 홍차를 진하게 우린 뒤, 그 찻물을 농축 분말로 만들어 사탕수수 비정제 원당을 혼합하여 탄생한 블랙티 에스프레소.

· 라이트 사진

· 오리지널 사진

• 재료
· 스리랑카 홍차 100%
· 사탕수수 비정제 원당

밀크 티 파우더 음료
Milk Tea Powder Drink

블랙 티 에스프레소 1 - 라이트

 Recipe

- **재료(라이트) : 1잔(250mL) 분량**
- · 블랙 티 에스프레소(라이트) 25g(10%) (오리지널보다 마일드한 파우더)
- · 차가운 우유 225mL(90%)　　　　　　· 얼음

- **미리 준비하기**
1) 밀크 티 용기(보틀)을 준비한다

- **만드는 과정**
01 원당이 포함된 블랙 티 에스프레소 라이트를 25g 준비한다
02 차가운 우유 225mL에 + 블랙 티 에스프레소 라이트 25g = 넣고 잘 섞어 준다
　　(라이트 블랙 티 에스프레소는 차가운 우유나 찬물에도 잘 녹는다)
03 유리잔에 얼음을 넣은 뒤 + ②를 넣어 주면 = 라이트 밀크 티 완성!
04 완성된 밀크 티를 보틀에 담은 뒤 냉장실에서 10~15시간 안정화시킨 뒤 사용한다
* 라이트 밀크 티에 얼 그레이, 블랙 차이, 루이보스 오렌지 등을 첨가하여 다양한 밀크 티로 응용이
　가능하다

블랙 티 에스프레소 2 - 오리지널

 Recipe

- **재료(오리지널) : 1잔(250mL) 분량**
- · 블랙 티 에스프레소(오리지널) 25g(10%) (라이트보다 좀 더 묵직하고 농도가 진한 파우더)
- · 95도의 물 25mL(10%)　　· 차가운 우유 200mL(80%)　　· 얼음

- **미리 준비하기**
1) 밀크 티 용기(보틀)을 준비한다

- **만드는 과정**
01 원당이 포함된 오리지널 블랙 티 에스프레소 25g을 준비한다
02 비커에 ①을 넣고 + 95도의 물 25mL를 넣고 =미니 거품기로 충분히 잘 녹여 준다
03 ②에 + 차가운 우유 200mL를 넣고 = 섞어 준다
04 유리잔에 얼음을 넣은 뒤 + ③을 넣어 주면 = 진한 오리지널 밀크 티 완성
　　(하루 정도 냉장고에 안정화시킨 뒤 사용하면 우유의 비린 맛이 사라지면서 농축된 밀크 티의 맛
　　을 즐길 수 있다)
오리지널 밀크 티에 얼 그레이 티, 블랙 차이, 루이보스 오렌지 등을 첨가하여 다양한 밀크 티로
　응용할 수 있다

수정과 밀크 티
Sujeonggwa Milk Tea

밀크 티 파우더 제품(블랙 티 에스프레소)과 마살라 차이(윈터 스토리) 제품으로
수정과 밀크티를 즐겨보자.

 ## Recipe

• **재료**

· 블랙 티 에스프레소 30g(12%)　　　· 차가운 우유 190mL(76%)

· 찻잎 : 윈터 스토리 7.5g(또는 티백 3개) = 우려진 찻물 30mL(12%)

• **미리 준비하기**

1) 윈터 스토리 7.5g을 예열한 티팟에 + 95도의 물 50mL을 넣은 뒤 = 10분간 우린다

2) 10분 우린 뒤 거름망을 사용해서 걸러 낸다(추출물 약 35mL 분량)

• **만드는 과정**

01 비커에 우려진 찻물 30mL + 블랙티 에스프레소 30g을 넣고 = 완전히 녹을 때까지 섞어 준다

02 ①에 + 차가운 우유 190mL를 넣고 = 잘 섞어 주면 수정과 밀크 티 완성!

03 완성된 밀크 티를 보틀에 담은 뒤 냉장실에서 10~15시간 안정화시킨 뒤 사용한다

초콜릿 향미의 허브 블렌딩

우유는 초콜릿이나 바나나 향미와 매우 잘 어울린다. 마찬가지로 그러한 초콜릿 향미를 밀크 티에도 도입할 수 있다. 루이보스와 초콜릿 등의 블렌딩 티인 로스트 인 초콜릿(Lost in Chocolate)과 루이보스와 바나나 등의 블렌딩 티, 코코 쿠키(Coco Cookie)를 활용해 밀크 티를 즐겨 보자.

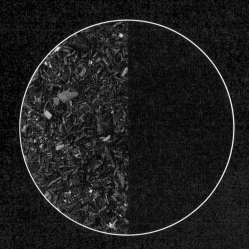

로스트 인 초콜릿 (Lost in Chocolate)

루이보스가 달콤한 초콜릿과 사랑에 빠진 로스트 인 초콜릿(아만프리미엄티 제공). 크리미한 초콜릿의 향으로 마음을 사로잡을 수 있다.

- 재료
  - · 루이보스 Rooiboos
  - · 초콜릿 칩 Chocolate chip
  - · 코코넛 Coconut
  - · 초콜릿 향, 티라미수 향
  - · 카카오 Cacao
  - · 마테 Mate

코코 쿠키 (Coco Cookie)

루이보스가 바나나, 카카오 헤이즐넛을 만나 바나나 쿠키의 맛을 선사하는 코코 쿠키(아만프리미엄티 제공). 카페인 걱정 없이 바나나 맛의 루이보스 티를 즐겨 보자.

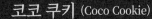

- 재료
  - · 루이보스 Rooiboos
  - · 사과 Apple
  - · 바나나 칩 Banana Chip
  - · 아몬드 Almond
  - · 감초 Licorice Root
  - · 바나나 향, 캐러멜 향, 초콜릿 향
  - · 메리골드 Marigold
  - · 코코아 빈 Cocoa Bean
  - · 견과류(헤이즐넛) 조각 Nuts
  - · 캐러멜 Caramel

티라미수 초코 밀크 티
Tiramisu Choco Milk Tea

밀크 티 농축 분말인 블랙 티 에스프레소를 초콜릿 향의 로스트 인 초콜릿과
코코 쿠키를 블렌딩하여 티라미수 초코 밀크 티 맛을 만들어 보자!

 ## Recipe

• 재료
· 블랙 티 에스프레소 30g(12%)   · 차가운 우유 190mL(76%)
· 찻잎 : 로스트 인 초콜릿 3.75g + 코코 쿠키 3.75g = 우려진 찻물 30ml(12%)

• 미리 준비하기
1) 로스트 인 초콜릿 3.75g + 코코 쿠키 3.75g = 7.5g을 준비한다
2) 예열한 티팟에 + 95도의 물 50mL 넣은 뒤 = 10분간 우린다
3) 10~15분 우린 뒤 거름망 사용하여 걸러 낸다(추출물 약 38mL 분량)

• 만드는 과정
01 비커에 우려진 찻물 30mL + 블랙 티 에스프레소 30g을 넣고 = 완전히 녹을 때까지 잘 섞어 준다
02 ①에 + 차가운 우유 190mL를 넣고 = 잘 섞어 준다
03 완성된 밀크 티를 보틀에 담은 뒤 냉장실에서 10~15시간 안정화시킨 뒤 사용한다

루이보스 오렌지 밀크 티
Rooibos Orange Milk Tea

싱그러운 루이보스 오렌지 티와 밀크 티의 절묘한 만남도 있다. 브라보 마이 라이프와
블랙 티 에스프레소로 맛있는 밀크 티를 만들어 보자.

 Recipe

• **재료**

· 블랙 티 에스프레소 30g(12%)　　· 차가운 우유 190mL(76%)

· 찻잎 : 브라보 마이 라이프 7.5g(또는 티백 3개) = 우려진 찻물 30mL(12%)

• **미리 준비하기**

1) 브라보 마이 라이프 7.5g을 준비한다

2) 예열한 티팟에 + 95도의 물 50mL 넣은 뒤 =10~15분간 우린다

3) 10~15분 우린 뒤 거름망을 사용하여 걸러 낸다(추출물 약 38mL 분량)

• **만드는 과정**

01 비커에 우려진 찻물 30mL + 블랙 티 에스프레소 30g을 넣고 = 잘 섞어 준다

02 ①에 + 차가운 우유 190mL를 넣고 = 잘 섞어 준다

03 완성된 밀크 티를 보틀에 담은 뒤 냉장실에서 10~15시간 안정화시킨 뒤 사용한다

얼 그레이 밀크 티
Earl Grey Milk Tea

베르가모트 향미와 밀크 티를 동시에 즐길 수 있을까? 얼 그레이 홍차인 '프렌치 그레이'와
블랙 티 에스프레소로 향긋한 밀크 티를 만드는 방법을 소개한다.

 Recipe

- **재료**
  · 블랙 티 에스프레소 30g(12%)   · 차가운 우유 190mL(76%)
  · 찻잎 : 얼 그레이(프렌치 그레이) 7.5g = 우려진 찻물 30ml(12%)

- **미리 준비하기**
  1) 프렌치 그레이 7.5g을 준비한다
  2) 예열한 티팟에 + 95도의 물 50mL를 넣은 뒤 = 10분간 우린다
  3) 10분 우린 뒤 거름망을 사용해서 걸러 낸다(추출물 약 40mL 정도 분량)

- **만드는 과정**
  01 비커에 우려진 찻물 30mL + 블랙 티 에스프레소 30g을 넣고 = 완전히 녹을 때까지 잘 섞어 준다
  02 ①에 + 차가운 우유 190mL를 넣고 = 잘 섞어 준다
  03 완성된 밀크 티를 보틀에 담은 뒤 냉장실에서 10~15시간 안정화시킨 뒤 사용한다

크렘 브륄레 라테

Crème Brûlée Latte

크림같은 커스터드 맛의 홍차 디저트 음료를 소개한다.

🍸 Recipe

• **재료**
· 블랙 티 에스프레소15g   · 티에쏘 2g   · 차가운 우유 100mL
· 생크림 60g   · 설탕 10g   · 계란 노른자위 2란(卵)
· 바닐라 시럽 10mL   · 얼음 40~50g   · 토치

• **미리 준비하기**
1) 밀크 티 베이스 만들기
   : 비커에 블랙 티 에스프레소 15g + 티에쏘 2g + 95도의 물 7mL를 넣은 뒤
   = 잘 섞어 준다(진한 홍차 만들기)
2) 커스터드 크림 만들기
   (1) 비커에 계란 노른자 2란(50g)을 + 설탕 10g + 바닐라 시럽 10mL = 섞어 준다
       섞은 노른자를 냄비에서 약불로 15~20초 동안 살짝 익혀 준다(너무 익지 않게 주의하고,
       냉장실에 3분가량 식혀 둔다)
   (2) 비커에 생크림 60g + 설탕 10g = 핸드 믹서기나 미니 자동 거품기로 휘핑한다(걸쭉한 느낌)
   (3) ②에 식혀 둔 ①을 넣고 다시 휘핑한다

• **만드는 과정**
01 준비된 잔에 얼음 40~50g + 차가운 우유 100mL + 밀크 티 파우더와 티에쏘를 섞어 둔
   진한 밀크 티 베이스를 넣어 준다
02 ①에 준비한 커스터드 크림을 올려 준다
03 ②의 위로 설탕을 골고루 뿌려 준다
04 토치로 설탕을 녹여 주면 크렘 브륄레 라테 완성!
05 티스푼을 같이 준비해서 낸다

밀크 티 아포가토
Milk Tea Affogato

🍸 Recipe

• **재료**
· 블랙 티 에스프레소 15g   · 티에쏘 1.5g
· 바닐라 아이스크림   · 정수 5mL

• **미리 준비하기**
1) 블랙 티 에스프레소 15g + 티에쏘 1.5g을 계량한다
2) 계량된 파우더 16.5g + 95도의 물 5mL에 넣은 후 = 잘 저어 준다
   (조청 정도의 끈적거림이 중요하다)

• **만드는 과정**
01 아이스크림 잔에 스쿱으로 바닐라 아이스크림을 넣어 준다
02 아이스크림 위에 원하는 만큼의 홍차 농축 시럽을 부으면 밀크 티 아포가토 완성!
      *오레오나 막대 초코 과자(롤리 폴리 등)를 곁들이면 좋다
   # 아포가토(Affogato)는 바닐라 아이스크림에 뜨거운 커피 에스프레소를 넣어 즐기는 디저트이다

티 베리에이션 197

PART 12

차 베이스
의 이해

다양한 녹차 블렌드

동양에서 주로 마시는 녹차는 그 역사가 오래된 만큼 매우 다양하게 블렌딩되어 소비되고 있다. 특히 젊은 세대에서는 순수 녹차보다는 가향, 가미된 플레이버드 티로 많이 소비된다. 중국의 재스민 차(Jasmine Tea), 공예차(工藝茶), 일본의 겐마이차(玄米茶), 튀르키예를 비롯한 중동에서는 '주차(珠茶, Gunpowder)'를 베이스로 한 민트 티(Mint Tea) 등이다. 이런 녹차는 오래전부터 냉침하여 아이스티로도 즐겨 마셨는데, 오늘날에는 다양하게 베리에이션하여 마시고 있다.

벽담표설 (碧 푸를 벽, 潭 못 담, 飄 회오리바람 표, 雪 눈 설)

중국 사천성 아미산(峨眉山)에서 생산되는 고급 말리화차로 최상등급 재스민 녹차이다(아만프리미엄티 제공). 이 벽담표설을 베이스로 하여 상큼한 향미의 베리에이션 음료를 만들어 즐겨 보자!

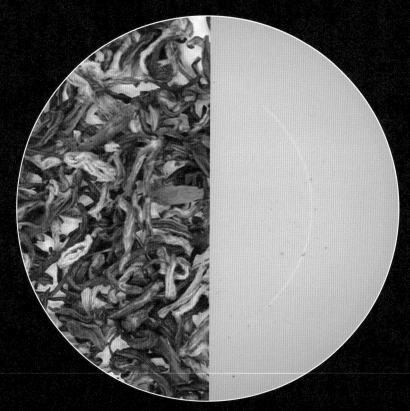

재스민 인삼 그린 소다
Jasmine Ginseng Green Soda

벽담표설의 우아한 냉침 차와 쌉싸름한 인삼 절편이 조화를 이루는 인삼 녹차 아이스티.
사포닌, 폴리페놀 함유로 원기 회복, 면역력 증진, 자양 강장의 효능도 있어 건강에도 좋다.

Recipe

• **재료**
· 벽담표설 3g · 인삼 절편 4~5개 · 민트 시럽 10mL · 탄산수 100~150mL · 얼음 80g · 정수 200mL

• **미리 준비하기**
1) 벽담표설 3g + 정수 200mL = 냉침한다

• **만드는 과정**
01 유리잔에 얼음 80g + 민트 시럽 10mL + 냉침 차 120mL = 넣어 준다
02 ②의 유리잔에 탄산수 100~150mL 넣어 준다
03 마지막으로 인삼 절편 4~5개를 넣어 주면 재스민 인삼 그린 소다 완성!
04 가니쉬는 생민트 잎 추천

블루 레몬 재스민 소다
Blue Lemon Jasmine Soda

 Recipe

- **재료**
  - · 벽담표설 2g　　　　· 블루 큐라소 시럽 7~10mL　　　· 레몬 ½개
  - · 산펠레그리노 리모나타(스파클링 레몬) 150~180mL　· 얼음 80g　　· 정수 150mL

- **미리 준비하기**
  1) 벽담표설 2g + 정수 150mL = 냉침한다
  2) 스퀴저 사용해서 레몬 ½개로 레몬즙을 준비한다

- **만드는 과정**
  01 유리잔에 얼음 80g + 블루 큐라소 시럽 7~10mL + 냉침 차 120mL = 넣어 준다
  02 ①의 유리잔에 산펠레그리노 리모나타 150~180mL 넣어 준다
  03 마지막으로 레몬즙 15~20mL를 넣으면 블루 레몬 재스민 소다 완성!
  04 가니쉬는 레몬, 로즈메리 추천

재스민 페어 스무디
Jasmine Pear Smoothie

 Recipe

• 재료
· 벽담표설 5g　　· 배 ½개　　· 배(또는 바닐라) 시럽 10mL　　· 갈아 만든 배(또는 배즙) 100mL
· 얼음 100g　　· 정수 300mL

• 미리 준비하기
1) 벽담표설 5g + 정수 300mL = 냉침한다
2) 배는 깨끗이 씻어서 껍질을 벗긴 뒤 잘라 놓는다

• 만드는 과정
01 블렌더에 얼음 100g + 배½개 + 갈아 만든 배(또는 배즙) 100mL + 바닐라 시럽 10mL + 냉침 차 120mL
　　= 넣어 준다
02 유리잔에 냉침 차 100~150mL를 넣어 준다
03 ②의 유리잔에 블렌더로 갈아 놓은 ①을 넣어 주면 재스민 페어 스무디 완성!
04 가니쉬는 배의 응용을 추천!

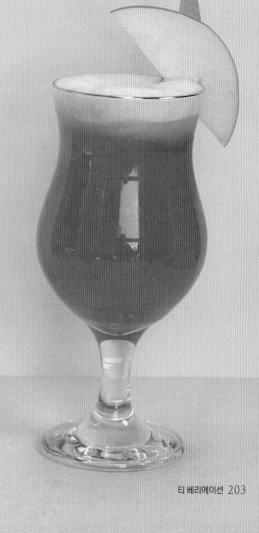

민트 키위 재스민 티
Mint Kiwi Jasmine Tea

민트 키위 재스민 티는 재스민 향미를 풍기는 벽담표설과 신선한 민트 향을
입안 가득히 즐길 수 있는 음료로서 상큼하고 달콤한 키위 과육까지
통째로 즐길 수 였다.

Recipe

• 재료
· 벽담표설 5g   · 그린 키위 1개
· 민트 잎(스피어민트, 페퍼민트, 애플민트 중 택일) 2~3g
· 바닐라 시럽 20mL   · 얼음 80g   · 정수 200mL

• 미리 준비하기
1) 벽담표설 5g + 정수 200mL = 냉침한다.

• 만드는 과정
01 비커에 키위 1개 + 민트 잎 2~3g + 냉침 차 20mL를 넣은 뒤
 = 핸드 블렌드로 으깬다.(과육이 보일 정도)
02 유리잔에 얼음 80g + 냉침 차 180mL + 바닐라 시럽 20mL를 넣은 뒤
 = 바 스푼으로 섞어 준다
03 ②의 위로 ①을 조심스레 따라 주면 민트 키위 재스민 티 완성!
04 가니쉬는 민트 잎, 키위 추천

스트로베리 호우지
Strawberry Houji

일본 센차(煎茶)나 반차(番茶)를 고열로 볶아 향이 구수한 호우지차(焙じ茶)와
딸기의 환상적인 융합이다. 호우지차와 딸기로 시원한 스무디도 창조해 보자.

 Recipe

• 재료
· 녹차(호우지차) 6g   · 냉동 딸기 50g   · 딸기 농축액(딸기 퓌레, 청, 잼도 가능) 50g
· 바닐라 시럽 10mL   · 정수 300mL   · 얼음 130g

• 미리 준비하기
1) 호우지 녹차 찻잎 6g(2~3g 추가 가능) + 정수 300mL = 냉침한다

• 만드는 과정
01 유리잔에 얼음 60g을 넣고 냉침 차 100mL를 넣는다
02 블렌더에 얼음 130g + 냉동 딸기 50g + 딸기 농축액 30g + 바닐라 시럽 10mL
   + 냉침 차 30mL 넣은 뒤 = 슬러시 농도로 만들어 준다
03 완성된 딸기 슬러시를 ①의 유리잔 윗부분을 채워 주면 스트로베리 호우지 완성!
04 가니쉬는 라즈베리, 블랙커런트, 바질 추천

홍차 언니의 스페셜 강의!

오래된 녹차 살리는 방법

오래 묵은 녹차를 그냥 버리기에는 아까울 때 살릴 수 있는 방법은 없을까?
그러한 방편으로 볶아서 탄생한 녹차가 일본의 호우지차이다. 볶은 녹차의 특징은
카페인 함량이 일반 녹차에 비하여 절반 이하로 줄어들어 카페인에 민감한 사람들
에게도 유익하다. 또한 떫은맛을 내는 카테킨 함량도 줄어들면서 맛도 담백하고 구
수해 일거양득이다. 이 책에서는 오래 묵은 녹차를 볶아서 즐기는 방법을 소개한다.

● 만드는 과정

01 버너로 팬을 1분 30초~2분 정도 예열한다.

02 버너의 불을 끄고 예열된 팬에 오래 묵은 녹차를 넣는다

03 찻잎이 타지 않도록 팬을 계속 흔들어 준다

04 볶은 녹차를 체에 걸러 불순물을 제거하고 식힌다. 팬 손잡이 사이로 찻잎을 빼 준다

05 녹차 잎이 그린 색이 보이면 다시 한번 볶아 줘도 좋다

* 녹차(호우치자 포함)는 약 80도의 물로 우린다

　 80도 이상의 물로 우리면 떫은맛이 증가한다

복숭아 민트 그린 티
Peach Mint Green Tea

'복숭아 민트 아이스 그린 티'는 일본 녹차인 센차와 싱그러운 복숭아, 향긋한 민트의 만남으로 시원하고 상쾌함을 선사하는 티 베리에이션 음료이다.

🍸 Recipe

• 재료
· 녹차(센차) 3.5g   · 스피어민트 1.5g   · 민트 시럽 10mL   · 복숭아(또는 통조림 황도) 과육
· 정수 300mL   · 얼음 80g

• 미리 준비하기
1) 녹차(센차) 3.5g + 스피어민트 1.5g = 블렌딩한다
2) 블렌딩한 찻잎 5g + 물 300mL = 냉침한다
급랭할 경우 : 찻잎 5g + 80도의 물 280mL = 3분간 우린 뒤 얼음을 넣는다

• 만드는 과정
01 유리잔에 얼음 80g + 민트 시럽 10mL를 넣어 준다
02 ①의 유리잔에 냉침한 녹차 200~250mL를 넣어 준다
03 복숭아 과육(또는 통조림 복숭아 과육)을 자른 뒤 넣어 주면 복숭아 민트 아이스 그린 티 완성!
04 가니쉬로 생민트 추천

DIY 복숭아 그린 티 레모네이드
Peach Green Tea Lemonade

하동 녹차인 세작과 복숭아 주스, 레모네이드의 절묘한 조합인 '복숭아 그린 티 레모네이드'.
감칠맛 넘치는 세작과 레몬의 향미를 즐기는 레모네이드를 소개한다.

🍸 Recipe

- **재료**
  · DIY 녹차 블렌딩 : 세작(하동 녹차) 1.5g + 레몬 머틀 0.6g
  + 레몬그라스 0.6g + 루이보스 0.4g + 건조 복숭아 0.4g
  + 건조 사과 0.4g + 메리골드 0.1g
  + 찻잎 전용 에센셜 오일(살구, 복숭아 향) = 총 4g
  · 복숭아 농축액 20~30mL
  · 복숭아 탄산음료(트로피카나) 100~150mL
  · 레몬 ½개　· 정수 170mL

- **미리 준비하기**
  1) 블렌딩 녹차 찻잎 총 4g + 정수 170mL = 냉침한다
  2) 레몬 ½개를 스퀴저로 즙을 낸다
  # 급랭할 경우 : 찻잎 4g +80도의 물 150mL
  　= 3분 우린 뒤 얼음을 넣는다
  # DIY로 직접 블렌딩할 경우에 에센셜 오일의
  　착향이 안정된 뒤에 냉침 또는 급랭한다

- **만드는 과정**
  01 유리잔에 얼음 80g을 넣고 + 방금 짠 레몬즙 25~30mL
  　+ 복숭아 농축액 20~30mL를 넣는다
  02 ①의 잔에 냉침한 녹차 100~150mL
  　+ 복숭아 탄산음료 100~150mL를 넣어 주면
  　복숭아 그린 티 레모네이드 완성!
  03 가니쉬는 복숭아, 레몬 추천

바닐라 애플 그린 티
Vanilla Apple Green Tea

녹차와 사과의 놀라운 조화와 함께 달콤한 바닐라로 향미를 강조한 바닐라 애플 그린 티.
순수하고 깔끔한 맛의 녹차에 달콤한 바닐라와 사과로 마무리한 레시피이다.

🐦 Recipe

• **재료**
· 녹차(쿠키 차) 8g   · 사과 시럽 10mL
· 바닐라 시럽 10mL   · 얼음 80g
· 정수 300mL

• **미리 준비하기**
· 쿠키 차 8g + 정수 300mL = 냉침한다
급랭할 경우 : 찻잎 8g + 80도의 물 280mL
= 3분간 우린 뒤에 얼음을 넣는다

• **만드는 과정**
01 유리잔에 얼음 80g을 넣은 뒤 + 바닐라 시럽 10mL
    + 사과 시럽 10mL = 넣어 준다
02 ①에 냉침 쿠키 차 250mL를 넣어 주면
    바닐라 애플 그린 티 완성!
03 가니쉬는 사과 응용 추천!

레몬 진저 그린 티
Lemon Ginger Green Tea

보성 녹차와 레몬, 그리고 진저가 만났다! 비타민 C가 풍부하고 항균 작용이 있는 생강과
녹차로 겨울철 감기를 예방해 보자!

 Recipe

• **재료**
· 보성 녹차 5g
· 레몬 진저 모닌(Monin) 시럽 10~20mL
· 레몬청 30g   · 얼음 80g
· 정수 300mL

• **미리 준비하기**
· 보성 녹차 5g + 정수 300mL = 냉침한다.
급랭할 경우 : 찻잎 5~6g + 80도의 물 250mL를 넣고
= 3분간 우린 뒤에 얼음을 넣는다

• **만드는 과정**
01 유리잔에 얼음 80g을 넣은 뒤 + 레몬청 30g
    + 레몬 진저 시럽 10~20mL를 넣어 준다
02 ①에 냉침한 녹차 250mL를 넣어 주면
    레몬 진저 그린 티 완성!
03 가니쉬는 레몬 추천

그린 티 모히토
Green Tea Mojito

 Recipe

• **재료**
· 녹차(보성 세작) 5g · 생민트 잎 3g · 라임 ½개 · 사이다 · 얼음 60g

• **미리 준비하기**
1) 녹차 찻잎 5g + 정수 150mL = 냉침하기
2) 라임 ½개를 꽁지 자른 뒤 다시 십자형으로 4등분한다

• **만드는 과정**
01 유리잔에 잘라 둔 라임 + 애플민트 잎 3g을 넣은 뒤
　　= 나무공이로 찧어 준다
02 ①의 위로 얼음 60g + 냉침 녹차 80mL를 넣어 준다
03 마지막으로 사이다를 넣어 주면 그린 티 모히토 완성!

그린 티 레모네이드
Green Tea Lemonade

청정 지역인 제주도의 녹차 세작과 새콤한 향미의 신선한 레몬을 곁들인
그린 티 레모네이드를 만드는 방법을 소개한다!

 Recipe

• **재료**
· 제주도 세작 5g   · 레몬 1개   · 사이다 200mL   · 얼음   · 정수 200mL

• **미리 준비하기**
1) 녹차 찻잎 5g + 정수 200mL = 냉침한다
2) 레몬 ½개를 스퀴저로 즙을 낸다(20~30mL)

• **만드는 과정**
01 유리잔에 얼음을 넣고 + 방금 짠 레몬즙을 넣어 준다
02 ①에 냉침 녹차 120mL를 넣는다
03 마지막으로 사이다 200mL를 넣어 주면 그린 티 레모네이드 완성!

피치 그린 티 소다
Peach Green Tea Soda

짙은 초록의 녹차와 싱싱한 생과일인 복숭아의 환상적인 조합인 '피치 그린 티 소다'. 쌉싸름한 녹차를 생과일 복숭아와 베리에이션하여 맛있게 즐겨 보자.

 ## Recipe

• 재료
· 녹차(블렌딩 녹차 가능) 6g   · 복숭아 시럽 20mL   · 얼음 80g
· 사이다(복숭아 맛) 150mL   · 레몬 ½개   · 정수 150mL

• 미리 준비하기
1) 녹차 6g을 + 정수 150mL에 냉침한다(냉장실에서 10~15시간 정도 냉침)
2) 레몬 ½개를 스퀴저로 즙을 낸다(20~30mL)

• 만드는 과정
01 유리잔에 얼음 80g을 넣어 준 뒤 + 복숭아 시럽 20mL를 넣는다
02 ①에 복숭아 맛 사이다 150mL를 넣어 준다
03 ②에 냉침 차 100~150mL + 레몬즙 20mL를 넣어 주면 = 피치 그린 티 소다 완성!
04 가니쉬는 복숭아 과일 추천

그린 민트 큐컴버
Green Mint Cucumber

그린 민트 큐컴버는 일본 녹차인 센차의 감칠맛과 오이,
청포도, 민트의 신선한 향미가 만나 청량감의 상승효과를 낸
베리에이션 음료이다.

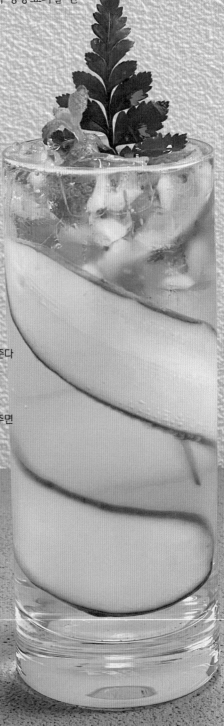

🍸 Recipe

• 재료
· 녹차(센차) 4g   · 민트 시럽 10mL
· 탄산음료(청포도 맛) 130~150mL
· 오이 1개   · 얼음   · 정수 150mL

• 미리 준비하기
1) 녹차(센차) 찻잎 4g + 정수 150mL
      = 냉침한다.(냉장실에서 10시간 냉침)
2) 감자 칼로 오이를 슬라이스로 만들어 둔다
급랭할 경우 : 녹차 4g + 80도의 물 150mL
      = 3분간 우린 뒤 얼음을 넣는다

• 만드는 과정
01 하이볼 글라스에 오이 슬라이스를 내벽에 휘돌려 준다
02 셰이커에 얼음을 넣은 뒤 + 민트 시럽 10mL
      + 냉침 차 100~130mL를 넣고 = 흔들어 준다
03 ①에 작은 얼음을 넣은 뒤 + ②를 넣어 준다
04 ③에 탄산음료(청포도 맛) 130~150mL를 넣어 주면
      그린 민트 큐컴버 완성!
05 가니쉬는 생민트 잎 추천

딸기 말차 요거트 슬러시
Strawberry Malcha Yogurt Slush

새빨간 딸기와 진녹색의 말차,
그리고 새하얀 요거트가 색채 대비를 이루는
환상적인 콤비의 '딸기 말차 요거트 슬러시'이다.

 Recipe

• 재료
· 말차(100%) 2~3g   · 딸기 농축액(잼도 가능)   · 그릭 요거트 30g
· 연유 40g   · 얼음 80g   · 물 50mL

• 미리 준비하기
1) 블렌더에 그릭 요거트 30g + 연유 40g + 얼음 80g = 슬러시 농도로 만든다
2) 차완(찻사발)에 말차 2~3g을 넣고 + 80도의 물 50mL를 넣고 = 차선으로 격불한다

• 만드는 과정
01 유리잔에 딸기 농축액(잼도 가능) 30g을 넣어 준다
02 블렌더에 미리 준비한 요거트를 ①에 넣어 준다
03 ②의 위로 격불한 말차를 스푼으로 떠서 넣어 주면 딸기 말차 요거트 슬러시 완성!
04 가니쉬는 딸기 추천!

스프링 가든 재스민 드링크
Spring Garden Jasmine Drink

열대 과일과 허브티의 풍미가 특징으로 봄의 아지랑이가 살랑살랑 피어나는 듯
두 가지 색의 그라데이션이 돋보이는 칵테일 스타일의 '스프링 가든 재스민 드링크'.

🍸Recipe

• 재료
· 벽담표설(아만프리미엄티 제공) 3g   · 블루 멜로우 0.5g   · 블루 큐라소 시럽(극소량)
· 코코넛 젤리 20g   · 정수 250mL   · 얼음 80g
· 열대 과일 향미의 시럽(투명해야 한다) : '홍차 언니 유튜브'에서는 코코넛 시럽 사용
· 타임 1~2줄기

• 미리 준비하기
1) 벽담표설 3g + 정수 250mL = 냉침한다.
2) 블루 멜로우 0.5g + 40도(낮은 온도)의 물 100mL
    = 6~8초간 우린 후 스트레이너로 걸러준다(블루 멜로우를 빨리 물에서 분리한다)
3) 비커에 우려진 블루 멜로우 100mL를 넣은 뒤 + 블루 큐라소 3~4방울
    = 섞어 준다(수색이 청보라색으로 변한다)
급랭할 경우 : 벽담표설 3g + 80도의 물 250mL = 3분간 우린다

미리 준비하기 2)

미리 준비하기 3)

• 만드는 과정
01 유리잔에 얼음 80g을 넣고 + 코코넛 젤리 20g + 코코넛 시럽 20mL + 냉침 재스민 티 250mL
＝ 넣어 준다
02 ①의 유리잔 위로 준비해 둔 보라색의 블루 멜로우 30~40mL를 바 스푼 뒷면을 사용해
조심스레 넣어 준다
03 가니쉬로 타임 줄기를 넣어 주면 스프링 가든 재스민 드링크 완성!

01

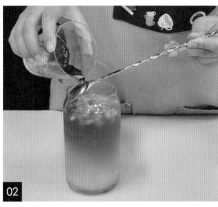
02

완성

요거트 딸기 말차 프라푸치노
Yogurt Strawberry Malcha Frappuccino

봄철에 떠오르는 딸기와 이른 봄의 새싹으로 만든 말차가 융합하여 행복을 안겨 주는 음료이다. 말차의 쌉싸름한 맛과 봄 딸기의 상큼함, 달콤한 바닐라 프라푸치노가 어우러졌다.

 Recipe

- **재료**
  · 말차(100%) 1~2g
  · 냉동 딸기(생딸기 가능) 80~100g
  · 그릭 요거트(분말도 가능) 20g
  · 얼음 210g
  · 바닐라 시럽 40mL
  · 휘핑크림(선택 사항)
  · 딸기 농축액(잼도 가능) 40g
  · 정수 70mL

- **미리 준비하기**
  1) 딸기 요거트 슬러시 만들기
     : 블렌더에 냉동 딸기 80~100g + 딸기 농축액 40g + 그릭 요거트 20g + 바닐라 시럽 20mL + 얼음 60g을 넣고 = 슬러시 농도로 만든다
  2) 말차 슬러시 만들기
     : 블렌더에 말차 1~2g + 60도의 물 70mL + 얼음 100~150g + 바닐라 시럽 20mL를 넣어 준 뒤
     = 슬러시 농도로 만든다

- **만드는 과정**
  01 유리잔에 말차 슬러시 120g을 채워 준다
  02 딸기 요거트를 층이 분리되도록 200g 정도 채워 준다
  03 ②의 위로 휘핑크림을 올려준 뒤, 말차 가루를 흩날려 주면 요거트 딸기 말차 프라푸치노 완성!
  04 가니쉬는 말차 초콜릿 추천(Kitkat, 킷캣 사용)

제주 유기농 말차 라테
Jeju Organic Malcha Latte

제주 유기농 말차 라테는 말차의 깊고 진한 향미를 뜨거운 라테로 만들어 부드럽게
즐길 수 있도록 한 음료이다.

🍸 Recipe

• **재료**
· 유기농 제주 말차 2g(말차 100%)　· 따뜻한 우유 180mL
· 바닐라 시럽 30mL　　　　　　　　· 말차 시럽 30mL

• **만드는 과정 ①**
01 비커에 말차 2g + 80도의 물 50mL을 넣고 = 잘 풀어 준다(미니 전동 거품기를 사용해도 된다)
02 예열한 잔에 따뜻한 우유 180mL를 넣고 + 바닐라 시럽 30mL를 넣어 준 뒤 = 잘 섞어 준다
03 ②의 유리잔에 ①의 말차를 조심스레 넣어 주면 말차 라테 완성!

• **만드는 과정 ②**
01 말차 시럽을 준비한다
02 예열한 잔에 따뜻한 우유 180mL을 넣고 + 바닐라 시럽 20mL를 넣어 준 뒤 = 잘 섞어 준다
03 ②의 잔에 말차 시럽 30mL를 넣어 주면 말차 라테 완성!

제주 유기농 말차 크림 프라푸치노
Jeju Organic Malcha Cream Frappuccino

제주 녹차의 쌉싸름한 맛과 달콤한 크림 맛이 어우러진 제주 유기농 말차(抹茶) 크림 프라푸치노. 말차의 깊고 진한 향미를 시원하고 부드럽게 즐길 수 있는 음료 이다.

🍸 Recipe

• **재료**
· 제주 유기농 말차 2g(말차 100%) · 차가운 우유 200mL · 바닐라 시럽 30mL
· 연유 10mL   · 얼음 100g
· 말차 시럽 40mL   · 휘핑크림

• **만드는 과정 ①**
01 비커에 말차 2g + 80도의 물 20mL를 넣고
   = 잘 풀어준다(미니 전동 거품기를 사용해도 된다)
02 블렌더에 얼음 100g + 시원한 우유 200mL + 바닐라 시럽 30mL + 연유 10mL
   + ①의 말차를 넣은 뒤 = 슬러시 농도로 갈아 준다
03 유리잔에 ②의 말차 슬러시를 넣어 준 뒤 + 그 위로 휘핑크림을 올려 주면
   = 제주 유기농 말차 크림 프라푸치노 완성!

• **만드는 과정 ②**
01 말차 시럽을 준비한다
02 블렌더에 얼음 100g + 시원한 우유 150~170mL을 넣고 + 바닐라 시럽 20mL
   + 말차 시럽 40mL를 넣어 준 뒤 = 슬러시 농도로 갈아 준다
03 유리잔에 ②의 말차를 넣어 주고 + 그 위로 휘핑크림을 올려 주면
   제주 유기농 말차 크림 프라푸치노 완성!

말차 시럽 만들기
Malcha Syrup

제주도의 말차(抹茶)는 녹차 본연의 진한 향미를 풍기는 최고의 티이다. 제주도 유기농 말차로 시럽을 만드는 간단한 방법을 소개한다.

 ## Recipe

• 재료

· 제주도 말차(100% 말차 사용) 30g   · 설탕(비정제당 가능) 150g

• 미리 준비하기

1) 차완(茶碗, 찻사발)
2) 차선(茶筅, 격불 솔) 또는 미니 거품기
3) 유리병(시럽 용기)

• 만드는 과정

01 말차 30g을 소분하여 차완(국그릇 대용 가능)에 넣어 준다
02 ①의 말차에 + 설탕 150g을 넣어 준다(당도 조절 가능)
03 60도의 미지근한 물 150mL를 넣어 준다
04 차선으로 말차와 설탕이 잘 섞이도록 휘저어 준다(격불이 아님!)
05 설탕이 다 녹을 때까지 말차와 잘 섞은 뒤 용기에 담아 준다(주르륵 흐를 정도의 농도 추천)
06 냉장고에 보관한 뒤 하루 지나서 사용한다(냉장실에서 보관한다)

제주도 유기농 말차로 만든
말차 시럽.

제주 유기농 말차 라테
Jeju Organic Malcha Latte

제주 유기농 말차 라테는 차광 재배한 어린 찻잎을 그늘에서 말려 잎맥을 제거해 곱게 갈아서
만든 유기농 가루 녹차를 '아이스 라테'로 즐길 수 있는 음료이다

 Recipe

• **재료**
· 말차 시럽 20~30mL   · 차가운 우유 250mL   · 바닐라 시럽 10mL   · 얼음

• **미리 준비하기**
· 말차 시럽 만들기(221p 참조)

• **만드는 과정**
01 말차 시럽을 준비한다
02 유리잔에 얼음 60g + 시원한 우유 250mL를 넣고 + 바닐라 시럽 10mL를 넣어 준 뒤
   = 잘 섞어 준다
03 ②의 잔에 말차 시럽 20~30mL를 넣어 주면 제주 유기농 말차 라테 완성!

말차 레모네이드
Malcha Lemonade

말차 시럽과 새콤한 레몬을 곁들인 말차 레모네이드. 녹차의 싱그러운
풀 향에 레몬의 청량감을 느낄 수 있는 시원한 아이스티이다.

 Recipe

• 재료
· 말차 시럽 10~15mL   · 레몬 ½개   · 탄산수 200mL   · 얼음 100g

• 미리 준비하기
· 말차 시럽 만들기(221p 참조)

• 만드는 과정
01 유리잔에 얼음 100g을 넣어 준 뒤 + 말차 시럽 10~15mL을 넣는다
02 ①에 바 스푼 뒷면으로 조심스레 탄산수 200mL를 넣어 준다
03 ②의 위로 레몬즙 20~30 mL를 넣어 주면 말차 레모네이드 완성!
04 가니쉬는 레몬, 라임 추천!

크림 소다 말차
Cream Soda Malcha

🍹 Recipe

• 재료
· 말차 시럽 10mL   · 사이다 250mL   · 바닐라 아이스크림   · 얼음 150~170g

• 만드는 과정 ①
01 유리잔에 얼음 150~170g을 넣고 + 말차 시럽 10mL를 넣어 준다
02 ①에 사이다 250mL를 바 스푼 뒷면으로 조심스레 넣는다
03 ②에 바닐라 아이스크림 1스쿱을 올려 주면 크림 소다 말차 완성!
04 가니쉬는 마라스키노체리 추천

스노우 말차 요거트 트리
Snow Malcha Yogurt Trees

눈이 덮인 크리스마스트리에서 영감을 받아 만든 음료인 '스노우 말차 요거트 트리'. 말차와 달콤한 크림의 절묘한 만남이다.

🍸 Recipe

• 재료
· 말차 시럽 30~40mL   · 요거트 파우더 40g   · 차가운 우유 150mL
· 바닐라 시럽 30mL   · 얼음 150g   · 휘핑크림

• 미리 준비하기
· 말차 시럽 만들기(221p 참조)

• 만드는 과정
01 블렌더에 얼음 150g + 차가운 우유 150mL를 넣고 + 요거트 파우더 40g
   + 바닐라 시럽 30mL를 넣고 = 갈아 준다
02 유리잔에 말차 시럽 30~40mL를 넣어 준다
03 ②의 유리잔에 ①의 혼합 요거트를 넣고 + 그 위로 휘핑으로 토핑하면
   스노우 말차 요거트 트리 완성!
04 가니쉬는 레드 + 그린 색 크런키나 아라잔으로 장식한다
※ 아라잔(Alazan) : 전분에 설탕을 섞어 식용 가루를 입힌 것

말차 라테
Malcha Latte

선명한 녹색의 말차를 풍미가 깊고 진하게 즐길 수 있는 '말차 라테'. 이 책에서는
말차 시럽과 우유를 활용하여 쉽고 간단하게 만들어 즐길 수 있는 방법을 소개한다.

 Recipe

- **재료**
· 말차 시럽 30mL　　　　　　　　· 따뜻한 우유 100~150mL

- **미리 준비하기**
· 말차 시럽 만들기(221p 참조)

- **만드는 과정**
01 예열한 찻잔에 말차 시럽 30mL를 넣는다
02 ①에 따뜻한 우유(또는 스팀 친 우유) 100~150mL를 부으면 말차 라테 완성!
03 가니쉬는 라테 아트나 밀크 폼 위로 말차 가루를 흩날려 준다

아이스 말차 라테
Iced Malcha Latte

찻잎의 새순만 차광 재배하여 만든 말차는 녹차의 농축된 진한 향미가 특징이다.
말차 시럽과 우유를 활용해 '아이스 말차 라테'를 만들어 즐겨 보자!

Recipe

- **재료**
· 말차 시럽 30~40mL   · 차가운 우유 220~250mL   · 얼음

- **미리 준비하기**
1) 말차 시럽 만들기(221p 참조)

- **만드는 과정**
01 유리잔에 얼음을 넣고 + 우유 250~300mL를 넣는다.(두유 대용 가능)
02 ①에 말차 시럽 30~40mL를 넣고 + 휘핑크림(선택 사항)을 얹어 주면 = 아이스 말차 라테 완성!

아이스 말차 카페 라테
Iced Malcha Cafe Latte

말차의 쌉싸름한 맛과 커피 에스프레소의 진한 향미 더해져 최고의 향미를 선사하는
'아이스 말차 카페 라테'이다.

 Recipe

- **재료**
  - ·말차 시럽 15mL   ·커피 에스프레소 1샷(shot)   ·차가운 우유 100mL   ·얼음 30g
  - ·바닐라 시럽 10mL(선택 사항)

- **미리 준비하기**
  - ·말차 시럽 만들기(221p 참조)

- **만드는 과정**
  - 01 유리잔에 얼음 30g을 넣고 + 말차 시럽 15mL를 넣어 준다
  - 02 ①에 차가운 우유 100mL를 넣고 + 에스프레소 1샷(30mL)을 넣어 준다
  - 03 단맛을 원하면 바닐라 시럽 10mL를 넣어 준다

말차 아인슈페너
Malcha Einspänner

'아인슈페너(Einspänner)'는 본래 아메리카노 커피 위에 휘핑크림을 얹어 먹는 음료이다. 커피 대신에 말차 시럽과 말차 휘핑크림을 활용해 즐기는 말차 아인슈페너!

 Recipe

- **재료**
  - ·말차 시럽 30mL　·말차 가루 2g　　·우유 100mL　　·생크림 100mL
  - ·연유 50mL　　　·얼음(4~5개 큐브)

- **미리 준비하기**
  1) 말차 시럽 만들기(221p 참조)
  2) 말차 휘핑크림 만들기 : 블렌더에 생크림 100mL + 연유 50mL = 말차 2g을 넣고 갈아 준다

- **만드는 과정**
  01 유리잔에 말차 시럽 30mL를 넣는다
  02 ①에 얼음을 적당히 넣고(약 4~5개 큐브) + 시원한 우유 100mL를
  　　= 바 스푼 뒷면에 조심스레 넣어 층을 분리시킨다
  03 ②의 우유 층 위로 말차 휘핑크림을 스푼으로 떠서 조심스레 올린다
  04 가니쉬로 말차 가루를 뿌려 주면 말차 아인슈페너 완성!
  　　(말차 가루는 고운 거름망이나 스트레이너를 사용하여 툭툭 쳐 준다)

말차 프라페
Malcha Frappe

말차와 초코가 만나 달콤한 음료인 말차 프라페. 말차 시럽에 얼음과 우유를 섞어
디저트 음료로 즐길 수 있는 '말차 프라페'를 소개한다.

 Recipe

• 재료
· 말차 시럽 60~70mL   · 우유 200mL   · 얼음 150g   · 연유 50mL

• 미리 준비하기
1) 말차 시럽 만들기   2) 말차 휘핑크림이나 바닐라 아이스크림 1스쿱

• 만드는 과정
01 블렌더에 얼음 150g + 차가운 우유 200mL + 연유 50mL + 말차 시럽 60~70mL를 넣고
    = 슬러시 농도로 만든다
02 유리잔의 8부까지 ①을 넣어 준다
03 ②의 윗부분에 말차 휘핑크림 또는 바닐라 아이스크림을 올려 주면 말차 프라페 완성!
04 가니쉬는 초콜릿 시럽 + 말차 가루 + 애플 민트 추천

말차 아포가토
Malcha Affogato

말차 시럽과 시원한 아이스크림의 환상적인 랑데부이다. 신선한 녹차의 향이 풍기면서
보기에도 화려한 '말차 아포가토'를 기분 좋은 디저트로 즐겨 보자!

 Recipe

• 재료
· 말차 시럽 적당량   · 바닐라 아이스크림 3스쿱

• 미리 준비하기
1) 말차 시럽 만들기(221p 참조)

• 만드는 과정
01 유리잔에 바닐라 아이스크림 3스쿱을 넣어 준다
02 바닐라 아이스크림 위로 말차 시럽을 여유 있게 넣어 준다
03 말차 시럽 위에 말차 가루 흩날려 주면 말차 아포가토 완성(고운 거름망 사용)!
04 가니쉬는 초콜릿 과자(롤리 폴리)나 오레오 추천

그린 용정 줄렙
Green Longjing Julep

봄의 절기인 청명(淸明) 전에 딴 일아일엽(一芽一燁)으로 만든 최고급 녹차 명전용정(明前龍井)과 민트 향이 융합되어 청아한 난꽃 향을 즐길 수 있는 녹차 베리에이션 음료이다.

🍸 Recipe

• 재료
· 말차 시럽 5mL
· 명전용정(잎차) 1.5g
· 민트 시럽 5mL
· 청포도 탄산음료 120mL
· 얼음 55g
· 정수 150mL

• 미리 준비하기
1) 말차 시럽 만들기(221p 참조)
2) 명전용정 찻잎 1.5g + 정수 150mL = 냉침한다
　(냉장실에서 10시간 동안 냉침)
급랭할 경우 : 명전용정 찻잎 1.5g + 80도의 물 100mL
　= 3분간 우린 뒤 얼음을 넣는다

• 만드는 과정
01 유리잔에 얼음 55g + 말차 시럽 5mL
　 + 민트 시럽 5mL + 냉침차 = 넣은 후 섞어준다
02 ①에 스파클링 청포도 음료 120mL
　 + 명전용정 찻잎 살짝 넣어주면 = 그린 용정 줄렙 완성!
줄렙(Julep) : 일반적으로는 '물약', '설탕물'을
　 뜻하지만, 음료계에서는 '위스키에 설탕, 박하 등을
　 넣은 청량음료'를 가리킨다

레드 빈 말차 요거트
Red Bean Malcha Yogurt

레드빈 말차 요거트는 탱글탱글한 녹차 젤리와 팥 앙금이 선사하는
요거트 디저트 음료이다.

🍸 Recipe

• **재료**
· 말차 3~4g　　· 팥 앙금　　· 우유 100mL　　· 요거트 파우더 20g
· 바닐라 시럽 15mL　· 말차 젤리　· 얼음 70g

• **미리 준비하기**
1. 말차 격불 준비하기
(1) 예열된 차완(찻사발)에 차시(차 스푼)로 말차 2스푼을 넣은 뒤(3~4g 정도)
(2) 60~80도의 물 60~70mL 넣고 차선으로 격불해 준다

2. 요거트 슬러시 만들기
: 블렌더에 얼음 70g + 요거트 파우더 20g + 우유 100mL + 바닐라 시럽 15mL
= 슬러시 농도로 만들어 준다

3. 팥 앙금 만들기
(1) 팥 300g을 6시간 정도 불려 준다
(2) 불린 팥을 한 번 삶은 뒤 찬물로 헹궈 준다(팥의 아린 맛 제거)
(3) 삶은 팥과 두 세배의 물을 전기압력밥솥에 넣은 뒤 잡곡으로 맞춰 준다
(4) 다 삶아진 팥에 설탕 150g + 한 자밤(꼬집)의 소금을 넣은 뒤
　　= 핸드 블렌더로 으깨 주면 팥 앙금 완성!

4. 말차 젤리 준비하기(58p 참조)

• **만드는 과정**
01 유리잔에 요거트 슬러시 200g을 넣어 준다
02 ①의 위로 격불한 말차를 넣어 준다
03 ②위로 팥앙금 소복히 올려 준다
04 마지막으로 말차 젤리를 올려 주면 레드 빈 말차 요거트 완성!

PART 13
청차(우롱차)
베이스 음료의 이해

다양한 청차(우롱차) 블렌드

부분 산화차인 청차(靑茶)에는 대표적으로 우롱차(烏龍茶)가 있다. 우롱차는 산화도가 낮은 녹차 성향의 청향계(淸香系)와 산화도가 높은 홍차 성향의 농향계(濃香系)로 나뉜다. 제조 방식에 따라 청향계는 화려한 꽃, 과일향의 가벼운 단맛이 특징이며, 농향계는 부드러운 꿀향이나 중후한 향으로 바디감이 묵직한 맛으로 그 종류가 다양하다. 이 책에서 소개하는 우롱차는 중국 복건성(福建省)의 대표적인 '철관음(鐵觀音)' 품종으로 농향(濃香)이 풍기는 전형적인 흑우롱차로서 구수하고 진한 단맛을 지니고 있다.

우롱차 (Oolong Tea)

우롱차는 중국 복건성의 대표적인 철관음 품종의 찻잎으로 만든 제품이다. 구수한 누룽지나 보리차 같은 농후하며 부드러운 단맛이 풍부해 어린아이나 차에 익숙하지 않은 일반인들도 편히 마실 수 있다(아만프리미엄티 제공).

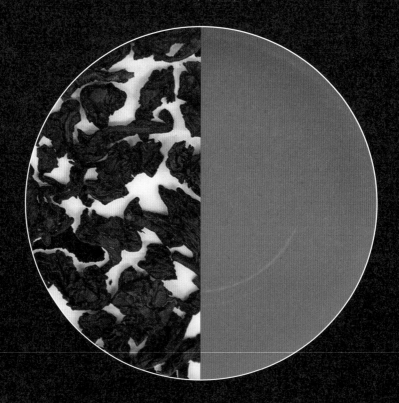

우롱 워터멜론 스노우플레이크스
Oolong Watermelon Snowflakes

구수하고 진한 단맛의 우롱차에 수박을 눈꽃송이 모양으로 장식해서
과일 티로 즐겨 보는 것은 또 어떨까?

🍸 **Recipe**

• **재료**
· 우롱차 15g　　· 냉동 수박　　· 정수 200mL　　· 얼음

• **미리 준비하기**
1) 우롱차 15g + 정수 200mL = 냉침한다
2) 수박 눈꽃송이 만들기
: 수박 과육을 냉동시킨 뒤 감자칼로 깎아 준다
(눈꽃빙수기로 만들면 더욱더 좋다)

• **만드는 과정**
01 유리잔에 얼음 100g + 냉침 차 110mL를 넣는다
02 빙수기나 감자칼로 깎은 냉동 수박을 ①의 위로 올려 주면 우롱 워터멜론 스노우플레이크스 완성!

스트로베리 롤리팝
Strawberry Lollipop

철관음을 로스팅하여 곡물차같이 구수한 우롱차(아만프리엄티 제공)를 딸기 스무디와 함께 즐길 수 있는 음료이다.

 Recipe

- **재료**
  · 우롱차 15g
  · 정수 300mL
  · 딸기 농축액 30g
  · 냉동 딸기 50g
  · 바닐라 시럽 20mL
  · 얼음 130g

- **미리 준비하기**
  1) 우롱차 15g + 정수 300mL 넣고 = 냉침한다.(냉장고에서 10~15시간 냉침)

- **만드는 과정**
  01 블렌더에 얼음 130g + 냉동 딸기 50g + 딸기 농축액 30g + 바닐라 20mL
     + 냉침 차 80mL를 넣은 뒤 = 슬러시 농도로 갈아 준다
  02 유리잔에 남은 냉침 차 150mL를 붓는다
  03 ②의 유리잔에 ①을 조심스레 넣어 준다
  04 가니쉬로 솜사탕과 캔디를 올려 주면 스트로베리 롤리팝 완성!

패션프루트 피치 우롱 에이드
Passion Fruit Peach Oolong Ade

여름철 대표 과일인 향긋한 복숭아와 패션프루트, 달달한 우롱차의 환상적인
조합이다. 열대 과일인 패션프루트의 알갱이가 들어 있어 음료가 더욱더 돋보인다.

 Recipe

• **재료**
· 우롱차 10g
· 복숭아 시럽 10mL
· 패션프루트청 20g
· 얼음
· 사이다(복숭아 사이다)

• **미리 준비하기**
1) 우롱차 10g + 정수 200mL = 냉침한다
급랭할 경우 : 티팟에 우롱차 10g + 95도의 물 200mL = 3분간 우린 뒤에 얼음을 넣는다

• **만드는 과정**
01 유리잔에 얼음 + 패션프루트청 20g + 복숭아 시럽 10mL = 넣어 준다
02 ①에 냉침 차 170mL + 복숭아 맛 사이다 150mL를 넣어 주면
    = 패션프루트 피치 우롱 에이드 완성!

PART 14
보이차(흑차)
베이스 음료의 이해

보이차(흑차) 블렌드

보이차(普洱茶)는 가공 과정에서 산화도에 따라 분류되는 녹차, 홍차, 청차(우롱차)와
는 달리 미생물에 의한 후발효 과정이나 또는 인위적인 속성 발효인 악퇴를 거쳐 생산
된다. 미네랄이 풍부하여 건강에도 좋고, 향미도 진하고 풍부한 보이차를 홍차와 함께
어울려 밀크 티로 즐기면 또 어떨까? 이 책에서는 보이차와 블랙 티 에스프레소 오리
지널(아만프리미엄티 제공)를 사용해 홈 카페로 즐길 수 있는 매우 독특한 방법을 소
개한다.

보이차 (普洱茶, Pu-erh Tea)

이 보이차(아만프리미엄티 제공)는 중국 운남성의 프리미엄 유기농 보이숙차로서 맛
이 진하고 부드러우면서 회감이 좋다. 오래 안정화되면서 풍기는 진향(陳香)이 매우
훌륭하다.

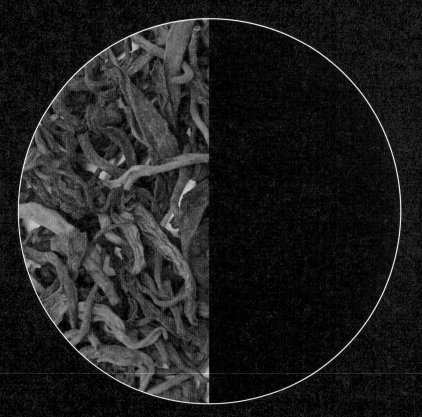

푸얼 블랙 밀크 티
Pu-erh Black Milk Tea

🍸 Recipe

• 재료

· 보이숙차 5g	· 보이숙차 찻물 30mL	· 차가운 우유 170~200mL
· 타피오카 펄	· 치즈 폼	· 조리퐁
· 블랙 티 에스프레소 25~30g	· 얼음	

• 미리 준비하기

1) 예열한 티팟에 보이숙차 5g을 넣고 + 95도의 물 100mL를 부은 뒤 = 3분 우린다
2) 3분 우린 뒤 거름망을 사용해 거른다(추출물 약 70mL 분량)
3) 치즈폼 만들기(55p 참조)

• 만드는 과정 ①

01 비커에 우린 보이숙차 50~70mL + 블랙 티 에스프레소 25~30g을 넣고 = 미니 거품기로 잘 섞어 준다
02 ①에 + 차가운 우유 170~200mL를 넣어 준 뒤 섞어 준다
03 준비된 잔에 타피오카 펄 40~50g을 넣고 + 얼음 80g을 넣어 준 뒤 + ②의 밀크 티를 넣어 준다
04 ②의 밀크 티 위로 치즈 폼을 올려 준 뒤 + 조리퐁을 뿌려 주면 푸얼 블랙 밀크 티 완성!

• 만드는 과정 ②

01 비커에 우려진 보이숙차 찻물 30mL + 블랙 티 에스프레소 30g을 넣고
    = 미니 거품기로 완전히 녹을 때까지 잘 섞어 준다
02 ①에 + 차가운 우유 190mL를 넣고 = 잘 섞어 주면 푸얼 블랙 밀크 티 완성!
03 완성된 밀크 티를 보틀에 담은 뒤 냉장실에서 10~15시간 안정화시킨 뒤 사용한다

PART 15
티 칵테일의 이해

티 베리에이션의 꽃, '티 칵테일'

티(Tea)와 스피릿츠(Spirits), 리큐어(Liquor) 등 다양한 주류의 절묘한 만남으로 환상적인 모습을 연출하는 '티 칵테일(Tea Cocktail)'. 칵테일은 오늘날 호텔이나 레스토랑의 바, 카페 등 호스피탈러티 업계에서 많이 선보이며, 사람들에게도 그 화려한 모습과 향미로 큰 즐거움을 선사한다. 그중 칵테일에 알코올이 들어 있지 않는 것은 '목테일(Mocktail)'이라고 한다. 그런데 칵테일에 티를 넣은 티 칵테일을 선보이는 곳은 세계적으로 드물다. 이 책에서는 칵테일과 함께 '티 베리에이션의 꽃'이라 할 수 있는 '티 칵테일'(목테일 포함)에 대하여 소개한다.

핑크 리치 콰이 페 칵테일
Pink Lychee Kwai Feh Cocktail

스위트 드림(아만프리미엄티 제공)으로 만든 새콤달콤한 히비스커스 시럽과 열대 과일의
향미가 풍부한 리치가 절묘하게 만나 설레는 봄을 연상시키는 티 칵테일이다.

🍸Recipe

• **재료**
· 히비스커스 시럽 10mL　　　· 콰이 페 리치 리큐어 30mL
· 모구모구 리치주스 70mL　　· 크리스탈 슈가　　　　　　· 얼음 60g

• **미리 준비하기**
1) 히비스커스 시럽 준비하기.(126p 참조)
2) 마티니 글라스 사이드에 리치 시럽을 묻힌 뒤 크리스탈 슈가로 장식한다

• **만드는 과정**
01 셰이커에 얼음 60g을 넣고 + 히비스커스 시럽 10mL + 콰이 페 리치 리큐어 30mL
　　+ 모구모구 리치주스 70mL = 흔들어 준다(10~15초)
02 마티니 잔에 ①을 따라 주면 핑크 리치 콰이 페 칵테일 완성!
03 가니쉬는 코코넛 젤리를 먹을 수 있도록 스푼 머들러를 사용하거나 슈거 장식을 추천

스윗 우롱 오렌지 위스키
Sweet Oolong Orange Whiskey

싱그럽고 상큼한 오렌지와 버터 캐러멜 향미의 우롱차를 위스키로 깔끔하게 마무리한다. 우롱차의 멋진 변신을 기대하라.

 Recipe

• 재료
· 우롱차 6g
· 위스키 30mL
· 쿠앵트로(Cointreau) 10mL
· 구운 밤(Monin) 시럽 10mL
· 진저 에일 120mL
· 정수 100mL
· 얼음

• 미리 준비하기
1) 우롱차 6g + 정수 100mL = 냉침한다
위스키 100mL + 우롱차 6g을 직접 넣고
= 실온에서 10~15시간 냉침해도 된다.
2) 냉침 시간이 지나면 찻잎을 걸러 낸다

• 만드는 과정
01 셰이커에 구운 밤(Roasted Chestnut)
    시럽 10mL + 쿠앵트로 10mL
    + 냉침 티 50mL + 위스키 30mL
    + 얼음을 넣은 뒤 = 잘 흔들어 준다
02 유리잔에 ①을 넣은 뒤 + 진저 에일
    120mL를 바 스푼 뒷면을 이용해
    조심스레 넣어 주면
    = 스윗 우롱 오렌지 위스키 완성!
03 가니쉬로 오렌지 추천
    (유리잔 가장자리를 오렌지 껍질로
    문질러 주면 은은한 오렌지 향이 나서 좋다)
금귤로 만든 정과랑 같이 즐겨도 좋다

1)

01

02-1

02-2

테킬라 선라이즈 히비스커스
Tequila Sunrise Hibiscus

진흥색의 히비스커스와 밝은 주황색의 오렌지가 이루는 아름다운 그라데이션을 감상하면서 즐기는 멕시코 음료, '테킬라 선라이즈 히비스커스'로 기분을 전환해 보자!

 Recipe

• **재료**
· 히비스커스 시럽 25~30mL
· 테킬라 30mL
· 오렌지 주스
· 얼음

• **미리 준비하기**
1) 히비스커스 시럽 만들기

• **만드는 과정**
01 하이볼 글라스나 긴 유리잔에 테킬라 25~30mL를 넣어 준다
02 오렌지주스를 ①의 잔에 80%(200mL)를 채운 뒤 바 스푼으로 섞어 준다
03 그레나딘(Grenadine) 시럽 대신에 히비스커스 시럽 30mL를 바 스푼 뒷면을 이용해 조심스레 따라 주면 테킬라 선라이즈 히비스커스 완성!
04 가니쉬는 오렌지와 마라스키노체리 추천!

허니 진저 캐모마일 위스키
Honey Ginger Chamomile Whiskey

기관지 염증에 효과적인 건강 효능의 티 칵테일! 진저와 달콤한 꿀, 새콤달콤한
레몬의 향미가 환상적인 조합으로 창조된 허니 진저 캐모마일 위스키!

 Recipe

• 재료
· 피스풀 마인드 5g(또는 티백 2개)
· 레몬 진저 허니 시럽 20mL
· 건생강 3.5g
· 레몬 ½개(레몬의 양 늘려도 됨)
· 버번이나 위스키 30mL
· 얼음 80g
· 정수 150mL

• 미리 준비하기
1) 피스풀 마인드 5g(또는 티백 2개) + 진저 3.5g + 정수 150mL = 냉침한다
2) 스퀴저로 레몬즙을 준비한다
급랭할 경우 : 티팟에 피스풀 마인드 5g(또는 티백 2개) + 진저 3.5g + 95도의 물 140mL
  = 5분간 우린 뒤 얼음을 넣는다

• 만드는 과정
01 셰이커에 얼음 80g을 넣은 뒤 + 레몬 진저 허니 시럽 20mL + 레몬즙 10mL를 붓는다
02 ①에 버번(또는 위스키) 30mL + 냉침 차 150mL를 넣고 = 흔들어 준다(10~15초)
03 가니쉬로 건조 오렌지나 오렌지 껍질을 사용한다
    (유리잔 가장자리를 오렌지 껍질로 문지르면 은은한 오렌지향이 나서 좋다)

재스민 시럽 만들기
Jasmine Syrup

재스민 녹차 중 최고의 상등품인 벽담표설은 부드러운 녹차 찻잎과 우아하고 섬세한 향으로 만들어진 녹차다. 최고급 재스민 녹차인 벽담표설의 정말 훌륭한 향에 빠져 보자!

 Recipe

• **재료**
· 녹차 찻잎(벽담표설) 30g   · 설탕 80g

• **미리 준비하기**
1) 벽담표설 30g을 소분하여 티팟에 넣는다
2) 벽담표설 찻잎을 80도의 물 300mL로 + 약 5분 동안 = 티팟에서 우린다
3) 거름망을 사용하여 찻물을 걸러 준다

• **만드는 과정**
01 우린 벽담표설의 찻물을 냄비에 넣고 + 설탕 80g을 추가한 뒤 = 약한 불에서 졸여 준다
02 약한 불로 10분간 졸여 준다(설탕 결정이 생기지 않도록 휘젓지 않는다)
03 설탕이 다 녹아 완성되면 충분히 식힌 뒤 유리 용기에 담아 냉장고에서 하루 보관한 뒤 사용한다

재스민 샴페인
Jasmine Champagne

최고급 재스민 녹차인 '벽담표설'의 향기로운 꽃 향을 상큼한 샴페인과 함께 즐길 수 있는 음료이다. 이 책에서는 일반 가정에서도 재스민 샴페인을 간단하게 만들어 즐길 수 있는 방법을 소개한다.

🍸 Recipe

- **재료**
  · 벽담표설(재스민 녹차) 2g
  · 샴페인 120mL
  · 재스민 시럽 10mL
  · 얼음

- **미리 준비하기**
  1) 벽담표설(재스민 녹차) 2g을 + 물 100mL에 냉침한다
     (10~15시간)
  2) 재스민 시럽 준비하기
  # 급랭할 경우 : 벽담표설 찻잎 2g + 80도의 물 90mL
     = 3분간 우린 뒤 얼음을 넣는다

- **만드는 과정**
  01 셰이커에 얼음 60g + 벽담표설 시럽 20mL + 냉침 차 100mL를 넣은 뒤 = 흔들어 준다(10초)
  02 준비된 유리잔에 ①을 넣어 주고 + 샴페인 120mL를 넣어 주면 = 재스민 샴페인 완성!
  03 가니쉬는 타임, 라임 추천

01-1

01-2

02

02-2

목테일 ☐ 알코올 ☑ 무알코올

로즈 핑크 재스민
Rose Pink Jasmine

히비스커스 셔벗과 재스민 냉침 차의 독창적인 조합을 이루는 목테일.
셔벗이 녹차에 녹아 블렌딩되며 변화하는 색, 향, 맛을 즐길 수 있다.

🍸 Recipe

• **재료**
· 벽담표설(재스민 티) 3g
· 사이다 250mL
· 물 100mL
· 히비스커스 시럽 1~2mL
· 로즈 시럽 10mL

• **미리 준비하기**
1) 재스민 녹차 중 상등품인 벽담표설 3g을 + 사이다 250mL에 냉침한다(냉장실에서 10~15시간 냉침)
2) 비커에 히비스커스 시럽 1~2mL + 로즈 시럽 10mL + 물 100mL를 넣고 잘 섞은 뒤
   = 셔벗 틀에 넣고 냉동실에서 얼린다

• **만드는 과정**
01 샴페인 글라스에 벽담표설 냉침 차 250mL를 넣어 준다
02 ①의 글라스에 히비스커스 셔벗을 넣어 주면 로즈 핑크 재스민 완성!
03 가니쉬는 허브 추천.(세이지 사용함)

그린 마가리타
Green Margarita

싱그러운 녹차에 상쾌한 향의 스피어민트와 테킬라가 만난 절묘한 조합의 티 칵테일이다.
산뜻한 느낌의 초록이 인상적인 '그린 마가리타'를 만들어 보자.

 Recipe

- **재료**
  · 녹차(세작) 2g
  · 스피어민트 2g
  · 말차 시럽(선택 사항) 2~3mL
  · 프리미엄 테킬라 : 페트론 실버* 20mL
  · 쿠앵트로 15mL
  · 민트 시럽 5mL
  · 라임 주스 20mL
  · 소금 약간
  · 얼음 80g
  · 정수 150mL

미리 준비하기 4)

- **미리 준비하기**
  1) 녹차 2g + 스피어민트 잎 2g + 물 150mL
     = 냉침한다
  2) 말차 시럽을 준비한다.(221p 참조)
  3) 레몬 조각으로 유리잔의 가장자리를 문지른다
  4) 가장자리에 소금을 묻혀 프로스팅(frosting)한다

01

- **만드는 과정**
  01 셰이커에 얼음 80g + 테킬라(페트론 실버) 20mL를
     넣고 + 쿠앵트로 15mL + 라임주스 15~20mL
     + 민트 시럽 5mL = 넣어 준다
  02 ①에 냉침 녹차 70mL + 말차 시럽 2~3mL
     = 흔들어 준다(20초)
  03 소금 프로스팅 유리잔에 ②의 칵테일을
     따른다
  04 가니쉬는 라임, 레몬, 민트 잎 등을 추천

02

* 페트론 실버(Patron Silver) :
  최고급 블루아가베(Blue Agave)로부터 극소량으로
  추출된 화이트 테킬라로서 칵테일의 믹싱을 위해 자주
  사용된다. 향미는 시트러스계 과일향이다

03

재스민 진 피즈
Jasmine Gin Fizz

우아한 벽담표설의 향과 재스민 꽃을 진(Gin)과 함께 티 칵테일로 즐길 수 있는 음료 재스민 진 피즈. 거품이 이는 소리와 함께 향기로운 향을 느껴 보자.

🍸Recipe

• **재료**
· 재스민 티(벽담표설) 3g · 꿀 30mL · 레몬주스 30mL
· 정수 150mL · 달걀 흰자위 15mL · 얼음
· 진(Gin) 50mL · 클럽 소다 100mL

• **미리 준비하기**
1) 벽담표설 3g을 + 정수 150mL에 냉침한다(냉장실에서 10~15시간 냉침)
2) 비커에 95도의 물 20mL + 꿀 30mL를 넣고 = 섞어 준다

• **만드는 과정**
01 셰이커에 꿀물 + 레몬주스 30mL + 달걀 흰자위 15mL를 넣고 = 1분간 셰이킹한다
02 ①의 셰이커에 얼음을 넣고 차가워질 때까지 다시 흔든다
03 준비된 유리잔에 냉침차 100mL를 넣은 뒤 + 진(Gin) 50mL + 클럽 소다 100mL를 넣는다
04 그 위로 ②의 달걀 흰자위 거품을 조심히 따르면 재스민 진 피즈 완성!
05 가니쉬는 우아한 향의 벽담표설 찻잎을 올려 준다

세계 3대 홍차, 기문 (祁門, Keemun)

영국 왕실 및 유럽에서 큰 사랑을 받았던 은은한 난초 향의 부드러운 단맛이 일품인
중국의 홍차 '기문'(아만프리미엄티 제공). 인도의 다르질링, 스리랑카의 우바와 함께
'세계 3대 홍차'로 손꼽히고 있는 명차이다.

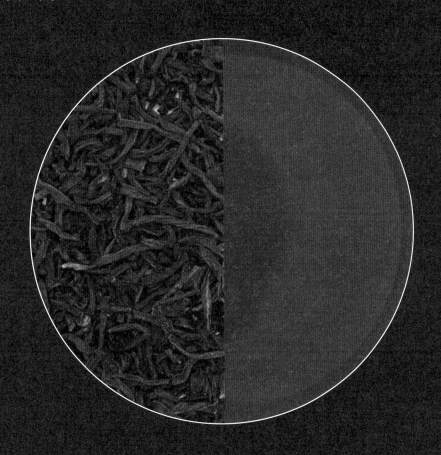

기문 소주 블랙 티
Keemun Soju Black Tea

중국 홍차 기문(祁門)이 소주와 함께 어우러지는 놀랍고도 환상적인 콤비! 일상에서 쉽게 접할 수 있는 소주에 기문 홍차를 직접 냉침한 화려한 티 칵테일을 즐겨 보자.

 ## Recipe

• **재료**
· 기문 2.5g
· 소주(참이슬 프레시) 40mL
· 칼루아 리큐어
· 복숭아 사이다(또는 클럽 소다) 100mL
· 얼음

• **미리 준비하기**
1) 소주 100mL에 + 기문 홍차 찻잎 2.5g을 넣은 후 = 실온에서 냉침한다

• **만드는 과정**
01 셰이커에 얼음 60g + 냉침 차 40mL + 칼루아 리큐어 10mL를 넣고 = 흔들어 준다(10~15초)
02 유리잔에 ①을 넣고 + 복숭아 사이다(또는 클럽 소다) 100mL를 넣으면 = 기문 소주 블랙 티 완성
03 가니쉬는 레몬 필 응용 추천

블랙 민트 모카
Black Mint Mocha

베르가모트와 바닐라 향이 매력적인 얼 그레이 홍차인 프렌치 그레이(아만프리미엄티 제공)에 민트·모카·칼루아 리큐어를 더해 향에 취하는 티 칵테일이다.

 ## Recipe

• **재료**
· 얼 그레이(프렌치 그레이) 5g(또는 티백 2개)
· 민트·모카·칼루아 리큐어 30mL
· 라임 맛 탄산수 160mL
· 얼음

• **미리 준비하기**
1) 프렌치 그레이 5g + 정수 200mL = 냉침한다

• **만드는 과정**
01 유리잔에 얼음 80g + 냉침 차 130mL + 라임 맛 탄산수 160mL를 넣어 준다
02 ①에 민트 모카 칼루아 리큐어 30mL를 넣어 주면 블랙 민트 모카 완성!
03 가니쉬는 라임, 레몬, 민트 잎 추천

랍상 그레이 위스키 하이볼
Lapsang Grey Whiskey Highball

프렌치 그레이에 랍상소총(Lapsang Souchong)을 더해서 남성미가 느껴지는 무거운 얼그레이 홍차를 위스키와 즐길 수 있다. 세계 최초의 홍차인 랍상소총의 중후한 바디감을 느껴보자.

 ## Recipe

• **재료**
· 프렌치 그레이 0.8g
· 랍상소총(잎차) 0.2g
· 위스키 50mL
· 레몬 시럽 20mL
· 레몬주스 10mL
· 탄산수 160mL
· 얼음

• **미리 준비하기**
1) 위스키 50mL에 + 프렌치 그레이 찻잎 0.8g + 랍상소총 찻잎 0.2g을 넣어서 = 냉침한다
2) 하이볼 잔을 냉동실에 넣어 차갑게 준비한다

• **만드는 과정**
01 차가운 하이볼 잔에 얼음을 가득 넣고 + 냉침된 위스키 30~40mL = 넣는다
02 ①에 + 레몬 시럽 20mL + 레몬주스 10mL + 탄산수 160mL를 넣어 주면
　　= 랍상 그레이 위스키 하이볼 완성!
03 가니쉬는 라임, 레몬, 로즈메리 등을 추천

골든 푸얼 오렌지 위스키
Golden Pu-erh Orange Whisky

보이차와 스모키한 랍상소총의 홍차를 위스키에 냉침해 즐기는 티 칵테일이다.

 Recipe

• 재료
· 보이차(잎차) 2g
· 랍상소총(잎차) 1g
· 위스키 30mL
· 정수 100mL
· 쿠앵트로 20mL
· 탄산음료(오렌지 맛) 100~120mL
· 콤부차 원액 40mL
· 얼음

• 미리 준비하기
1) 보이차 찻잎 2g + 랍상소총 찻잎 1g = 정수 100mL에 냉침한다
   (냉장고에서 10~15시간 냉침한 뒤 찻잎을 분리시킨다)
2) 유리잔을 냉동실에 넣어서 차갑게 준비한다

• 만드는 과정
01 차가운 유리잔에 얼음을 넣고 + 냉침 차 40mL + 위스키 30mL = 넣은 뒤 섞어 준다
02 ①에 쿠앵트로 20mL + 오렌지 탄산음료 100~120mL + 콤부차 원액 40mL를 넣어 주면
   = 골든 푸얼 오렌지 위스키 완성!
03) 가니쉬는 건조 오렌지나 허브 추천.(로즈메리 사용함)

PART 16

겨울 시그니처
음료의 이해

겨울철에 즐겨 찾는 건강 음료 '뱅쇼'

유럽에서는 추운 겨울철이면 감기 예방과 건강을 위해 즐겨 먹는 음료가 있다. 바로 '뱅쇼(Vin Chaud)'이다. 이 뱅쇼는 프랑스어로 따뜻한 와인을 뜻한다. 레드 와인에 시나몬 등의 향신료와 과일 등을 넣어서 따뜻하게 끓여 내 마신다. 크리스마스 시즌이면 유럽의 마켓에서는 쉽게 접할 수 있다. 물론 독일어로는 글뤼바인(Glühwein), 영어로는 '멀드 와인(Mulled Wine)'이라고도 한다. 이 책에서는 겨울철 건강을 유지할 수 있는 무알코올 뱅쇼 음료를 소개한다.

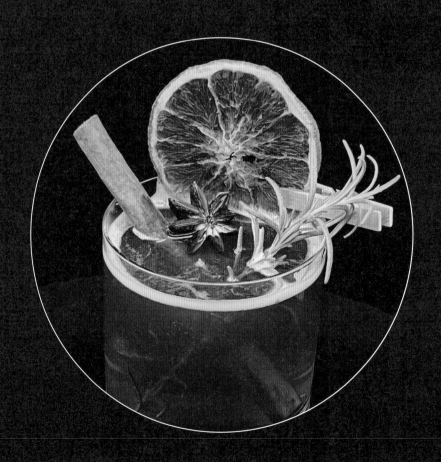

히비스커스 뱅쇼
Hibiscus Vin Chaud

항산화 성분이 많아 건강에 좋은 포도주스와 비타민 C가 풍부한 히비스커스가 만
난 뱅쇼. 레드와인 대신으로 포도주스를 사용한 무알코올 뱅쇼를 즐겨 보자.

 ## Recipe

• 재료
· 과일 : 사과 1개, 오렌지 2개, 감귤 2개, 레몬 ½개
· 향신료 : 시나몬 스틱 4개, 스타 아니스 3~4개, 정향 10개, 블랙페퍼 10~15개
· 크랜베리주스 500mL(포도주스 대체 가능) · 히비스커스 티(스위트 드림) 5g · 정수 100mL

• 미리 준비하기
1) 과일을 베이킹소다로 깨끗이 세척한 뒤 슬라이스로 썰기(사과, 레몬 씨 제거, 오렌지)

• 만드는 과정
01 냄비에 크랜베리나 포도주스(500mL)를 붓는다
02 ①에 설탕 20g 넣고 잘 녹인 뒤 스위트 드림 5g 넣고 중간 불로 끓인다
03 끓기 시작하면 과일 슬라이스와 향신료를 넣고 10분 정도 더 끓인 뒤 불을 끈다
04 ③을 아름다운 잔에 넣고 가니쉬로 과일 몇 조각, 시나몬 스틱 등의 향신료를 올려 주면
　　히비스커스 뱅쇼 완성!
시나몬 스틱을 토치로 살짝 구워 줘도 좋다

화이트 티 뱅쇼
White Tea Vin Chaud

건강에 좋은 백차 수미(壽眉) (아만프리미엄티 제공) 와 새콤한 사과즙, 그리고 겨울철
건강에도 좋은 다양한 향신료들로 연출한 화이트 뱅쇼를 즐겨 보자.

 Recipe

- **재료**
- · 과일 : 사과, 귤, 건오렌지, 레몬, 배 등
- · 향신료 : 시나몬 스틱 3개, 블랙 페퍼 약간, 스타아니스 3개. 클로브 5개, 핑크페퍼, 진저 등
- · 백차 수미 5g
- · 맑은 사과주스 600mL

- **미리 준비하기**
1) 백차 수미 5g + 뜨거운 물(80도) 500mL가 든 티팟에 넣고 3분간 우린다
2) 맑은 사과주스 600mL를 준비한다

- **만드는 과정**
01 냄비에 백차 우린 찻물 480mL + 맑은 사과주스 600mL를 넣고 중간 불로 끓인다
02 ①에 깨끗이 세척한 과일들(사과, 귤, 건오렌지, 레몬, 배 등)을 껍질 채로 넣는다
03 ②에 다양한 향신료들을 넣고 5분간 끓인다
04 ③을 거름망으로 거른 뒤 잔에 넣으면 화이트 티 뱅쇼 완성!
05 가니쉬는 시나몬 스틱, 오렌지, 로즈메리 추천

유튜브 크리에이터 '홍차언니'가
'티(Tea)'에 대해 알기 쉽고 명쾌하게 풀어주는 티 전문 유튜브 채널!

대한민국 No1. 티 전문 채널!
YouTube 한국티소믈리에연구원 TV

youtube.com/c/한국티소믈리에연구원tv

유튜브 티 전문 크리에이터 '홍차언니'의
티 블렌딩 테크닉 Tea Blending Technique

사단법인 한국티협회 '티 블렌딩 전문가'
교육 과정 지정 교재!

티 전문 유튜브 크리에이터 '홍차언니'의 티 블렌딩 실전 기술!
티, 허브의 재료 선정, 블렌딩 테크닉, 플레이버드 테크닉,
홍차언니가 창조한 티 레시피 35종, 전 세계 25개국 클래식
블렌딩 35종, 시그니처 블렌딩 94종을 엄선해 선보인다.

티 세계의 입문을 위한
국내 최초의 '티 개론서'

티의 역사 · 테루아 ·
재배종 · 티테이스팅 등

전 세계 티의 기원, 산지, 생산, 향미, 테이스팅을
과학적으로 체계화한 개론서이다!

티소믈리에가 만드는 티칵테일

티 · 허브 · 스피릿츠, 그 절묘한 믹솔로지!

역사상 가장 오래된 두 음료, 티와 칵테일을
셰이킹해 티칵테일을 만드는 실전 가이드!
다양한 향미의 티와 허브, 생과일,
칵테일의 환상적인 셰이킹을 소개한다.

세계 티의 이해
Introduction to tea of world

세상의 모든 티, 티의 역사와 문화,
티를 즐기는 세계인, 티 여행 명소,
다양한 티 레시피,
그리고 그 밖의 모든 티들을 소개한다.

티 아틀라스
WORLD ATLAS OF TEA

티 세계의 로드맵! '커피 아틀라스'에 이은
〈월드 아틀라스〉 시리즈 제2권!

전 세계 5대륙, 30개국에 달하는 티 생산국들의 테루아,
역사, 문화 그리고 세계적인 티 브랜드들을 소개한다.

'중국차 바이블에 이은'
기초부터 배우는 중국차

사단법인 한국티협회 '중국차 과정' 지정 교재

중국차 구입에서부터 중국 7대 차종과 대용차,
차구의 선택과 관리, 차의 역사, 차인·차사·차속, 차와 건강
등에 관한 315가지의 내용을 소개한 중국차 전문 해설서!

기초부터 배우는
101가지 티블렌딩

사단법인 한국티협회 '티블렌딩 과정' 지정 부교재

현대인들의 몸과 마음의 건강을 위한
힐링 허브티 블렌딩의 목적별, 상황별 101가지
레시피를 소개한다.

THE BIG BOOK OF KOMBUCHA
콤부차

북미, 유럽을 강타한 콤부차인 DIY 안내서!

이 책은 왜 콤부차인가에서부터 콤부차의 발효법,
다양한 가향·가미법, 콤부차의 요리법, 콤부차의 역사를
상세히 소개한다.

HERBS & SPICES
THE COOK'S REFERENCE

세계 허브 & 스파이스 대사전!

이 책은 총 283종의 허브 및 스파이스의
화려한 사진과 함께 향미, 사용법, 재배 방법 등을
완벽히 소개한 결정판!

영국 찻잔의 역사·
홍차로 풀어보는 영국사

티소믈리에를 위한
영국식 홍차 문화 이야기 시리즈 제1권

서양 티의 시작에서부터 영국 도자기 산업의 탄생, 애프터눈 티의
문화, 찻잔과 홍차의 미래상을 소개한다.

영국식 홍차의 르네상스
홍차 속의 인문학

영국식 홍차 문화 이야기 시리즈의 제2권!

세계사에 일대 변화를 몰고온 영국식 홍차와 함께 발전한
역사, 문화, 사회, 명화, 영화, 동화 등의 모든 장르를
되짚어 보는 '홍차 속의 인문학 여행기'!

세기의 명작품들과 함께하는
영국 홍차의 역사

영국식 홍차 문화 이야기 시리즈의 제3권!

이 책은 홍차와 관련된 다양한 장르 속, 세기의 명작들과 함께
영국식 홍차의 역사, 문화, 예술, 시대상 등을 재밌게 소개한다.

대만차(臺灣茶)의 이해

사단법인 한국티협회
'우롱차 교육 과정' 지정 교재

녹차와 홍차의 양쪽 효능을 모두 가져 건강차로서
새로운 아이콘으로 급부상하는 부분산화차인
'우롱차(烏龍茶)의 입문서!

기초부터 배우는 보이차

사단법인 한국티협회
'보이차 마스터' 과정 지정 교재

보이차 가공, 보이차 유명 브랜드 20개 업체를 비롯해
보이차의 역사, 산지, 무역 등 보이차의 세계를
시대적으로 일목요연하게 개관한 입문서.

홍차로 시작된
영국 왕실 도자기 이야기

홍차의 나라 영국에서 꽃을 피운
명품 테이블웨어의 총 역사!

로열크라운더비, 로열우스터, 웨지우드, 스포드, 민턴, 로열덜턴
등 세계적으로 유명한 영국 왕실 조달 도자기 업체들의
어제와 오늘의 역사, 문화, 전통, 명작품들을 직접 선보인다!

THE TEA BOOK _ 티북

티의 초보자, '차린이'를 위한 티의 기초 입문서!
사단법인 한국티협회가 선정한 '티, 티잰'의 기초 입문 도서!

전 세계의 티와 티잰의 산지에서 테루아, 역사, 문화, 소비,
최신 건강 트렌드, 100여 종에 달하는 티 및 티잰의
푸드 레시피까지!

T2

티의 새로운 소비문화를 이끄는 유명 티 브랜드 시리즈 ①
_ 호주 편(신흥 티 소비문화)

세계적인 티 브랜드 'T2'의 창립자가 '티 콜라주(tea-Collage)'로
생활 건강을 완성하는 기발하고도 창조적인 방법을 소개해
티 소비에 새로운 관점을 제시하는 가이드!

티소믈리에를 위한
호레카(HoReCa) 속의 티(Tea) 세계 1

세계 '호스피탈러티 산업계'를 대표하는
'HoReCa(호텔·레스토랑·카페)'의 티 트렌드!

'세계 호스피탈러티 산업계'를 이끌어 가는 호텔, 레스토랑,
카페 등 각 분야의 선두 주자들이 펼치는 눈부신 활약상들의
대파노라마!

보이차 에피소드

중국·홍콩·동남아·대만의 보이차 시장에서 성장,
발전한 전통 보이차와 현대 보이차의 숨은 이야기!

보이숙차 최초 개발 참여자, '해만차창(海灣茶廠)'을 창시한
'일대종사', 추병량(鄒炳良) 선생에게 듣는 '현대 보이차'의
탄생 비밀과 중국 보이차의 근현대사 이야기!

Photo(Ilust.) Credit

● 셔터스톡
8~17/18~19/21/23/27/34/37/45/47~49/50~51/62~63/
64~65(Ilust.)/66/76~78/81/90~91/93~94/103/120/130/
172/176/183/197

● 그 외 모든 사진
ⓒ 이주현 (홍차 언니)

〈개정판〉

티 베리에이션
Tea Variation

2023년 1월 14일 초판 발행
2024년 7월 30일 개정판 1쇄 발행

저   자 | 이주현 (홍차 언니)
펴   낸   곳 | 한국티소믈리에연구원
출 판 신 고 | 2012년 8월 8일 제2012-000270호
주   소 | 서울시 성동구 아차산로 17 서울숲 L타워 1204호
전   화 | 02)3446-7676
팩   스 | 02)3446-7686
이   메   일 | info@teasommelier.kr
웹 사 이 트 | www.teasommelier.kr

펴   낸   이 | 정승호
출 판 팀 장 | 구성엽
마   케   팅 | 김고운
인   쇄 | ㈜현대문예